아름다운샘 A~ssam 내신 FINAL

KB122690

고2 수학II

┤ 출제범위 ├

(중간고사 10회) 함수의 극한 - 접선의 방정식

(부록) 평균값 정리, 증가와 감소, 극대와 극소

선생님! 제발 복사는~~T_T

교재의 문항에 대한 저작권을
지켜주시기를 간곡히 부탁드립니다.
바른 교육을 받고 성장한 학생들이
명예로운 사회를 만듭니다~ ♥

동영상 강의는 아샘 협력학원 선생님들의 강의를
제공받아 유튜브(아샘 채널)에 업로드하였습니다.

이 책의 구성

전국 고등학교의 수학 시험지를 분석,
꼭 출제되는 중요 문항만을 선별하여
내신 시험을 책임질 수 있도록 만든

중간고사 예상문제지!!!

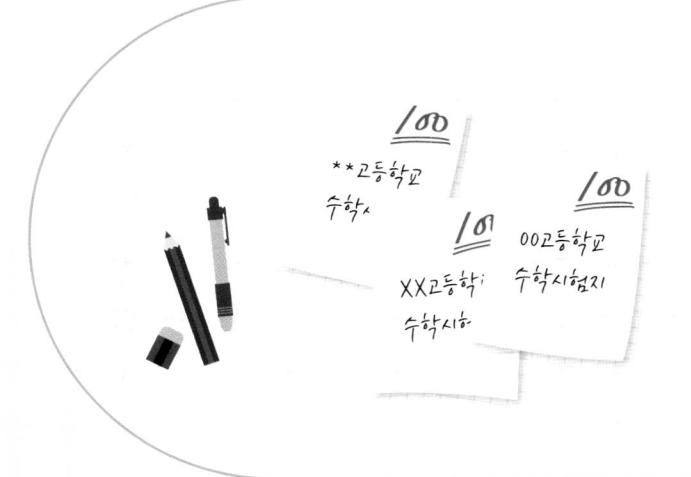

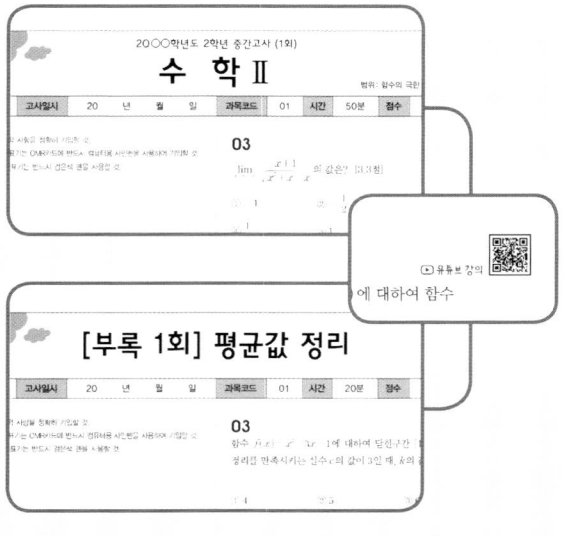

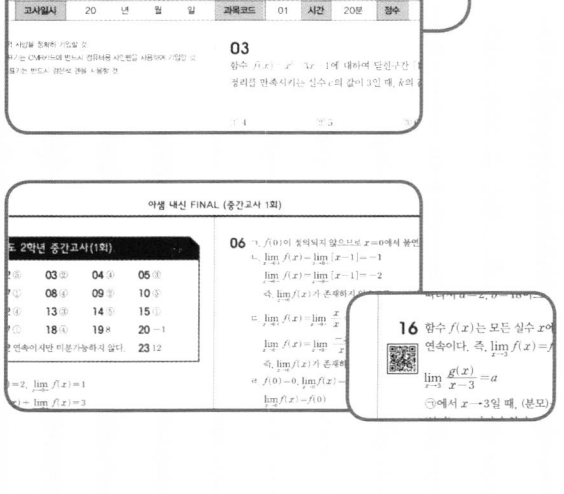

문항정보표 수록된 모든 문항에 대하여 내용영역, 난이도 등의 정보를 제공하였고, 어려운 문항에는 동영상 강의를 제공하여 이를 본문 또는 해설의 QR코드로 접속할 수 있게 하였습니다. 또한 OMR 카드를 제공하여 객관식 문항 표기를 연습할 수 있도록 하였습니다

중간고사 1회~10회 1회당 23문항(객관식 18문항, 서술형 주관식 5문항)으로 구성하였습니다. 1회~8회의 문항은 학교 시험의 평균 난이도로 맞추었으며 9회~10회는 좀 더 난이도를 높여 구성하였습니다. 동영상 강의가 있는 문항에는 QR코드를 제공하여 유튜브-아름다운샘 채널에서 동영상 강의를 볼 수 있도록 하였습니다.

[부록] 평균값 정리/증가와 감소/극대와 극소 중간고사 범위가 평균값 정리/증가와 감소/극대와 극소까지인 학교 학생들을 위하여 평균값 정리 1회, 증가와 감소 1회, 극대와 극소 2회를 추가로 구성하였으며 각 회별 8문항씩 수록하였습니다. 동영상 강의가 있는 문항에는 QR코드를 제공하였습니다.

정답 및 해설 각 문항별 정답과 풀이를 제공하고 서술형 주관식 문제에는 채점기준표를 제공하였습니다. 또한 유용한 개념 또는 공식은 핵심포인트에 수록하였고 다른 풀이가 있는 문항에는 다른 풀이를 실었습니다. 본문과 마찬가지로 동영상 강의가 있는 문항에는 QR코드를 제공하였습니다.

학년 반 번호 과목코드 성명 과목 년 월 일 감독

제 회 중간고사

문항 1 2 3 4 5 | 정정확인

문항번호 ( )
( )번을
( )번으로 정정
감독확인 (인)

공결 병결 상고 무단 부정 기타

학년 | 반 | 번호 | 과목코드 | 아~쌤 A-ssam | 성명 | 과목 | 년 월 일 제 회 중간고사 | 감독

| 문항 | 1 2 3 4 5 | 문항 | 1 2 3 4 5 | 문항 | 1 2 3 4 5 | 문항 | 1 2 3 4 5 | 문항 | 1 2 3 4 5 | 정정확인 |

공결 / 병결 / 상고 / 무단 / 부정 / 기타

문항번호 (   )
(   )번을
(   )번으로 정정
감독확인   (인)

문항번호 (   )
(   )번을
(   )번으로 정정
감독확인   (인)

문항번호 (   )
(   )번을
(   )번으로 정정
감독확인   (인)

문항 정보표

표시 문항은 동영상 강의가 제공되는 문항입니다.

■ 2학년 중간고사(1회)

번호	소단원명	난이도	배점	○/×	번호	소단원명	난이도	배점	○/×
1	함수의 극한	하	3.3점		13	접선의 방정식	중상	4점	
2	함수의 극한의 성질	하	3.3점		14	함수의 극한의 성질	중상	4점	
3	함수의 극한의 성질	하	3.3점		15	접선의 방정식	중상	4점	
4	다항함수의 미분법	하	3.3점		16	함수의 연속	중상	4점	
5	함수의 극한의 성질	중하	3.3점		17	연속함수의 성질	상	4점	
6	함수의 연속	중하	3.3점		18	함수의 극한의 성질	상	4점	
7	함수의 연속	중하	3.7점		19	다항함수의 미분법	중하	6점	
8	미분계수	중하	3.7점		20	다항함수의 미분법	중상	6점	
9	미분계수	중하	3.7점		21	접선의 방정식	중상	6점	
10	도함수	중하	3.7점		22	미분가능성과 연속성	상	8점	
11	다항함수의 미분법	중하	3.7점		23	연속함수의 성질	최상	8점	
12	다항함수의 미분법	중상	3.7점						

■ 2학년 중간고사(2회)

번호	소단원명	난이도	배점	○/×	번호	소단원명	난이도	배점	○/×
1	함수의 극한	중하	3.3점		13	함수의 극한의 성질	중상	4점	
2	함수의 극한의 성질	중하	3.3점		14	함수의 극한의 성질	중상	4점	
3	함수의 연속	중하	3.3점		15	함수의 연속	중상	4점	
4	미분계수	중하	3.3점		16	접선의 방정식	상	4점	
5	다항함수의 미분법	중하	3.3점		17	다항함수의 미분법	상	4점	
6	연속함수의 성질	중상	3.3점		18	연속함수의 성질	최상	4점	
7	함수의 연속	중상	3.7점		19	미분계수	중하	6점	
8	미분계수	중상	3.7점		20	함수의 극한의 성질	중상	6점	
9	미분가능성과 연속성	중상	3.7점		21	접선의 방정식	중상	6점	
10	다항함수의 미분법	중상	3.7점		22	함수의 극한의 성질	상	8점	
11	다항함수의 미분법	중상	3.7점		23	다항함수의 미분법	상	8점	
12	접선의 방정식	중상	3.7점						

■ 2학년 중간고사(3회)

번호	소단원명	난이도	배점	○/×	번호	소단원명	난이도	배점	○/×
1	함수의 극한	하	3.3점		13	접선의 기울기	중상	4점	
2	함수의 극한의 성질	하	3.3점		14	다항함수의 미분법	중상	4점	
3	함수의 극한의 성질	하	3.3점		15	다항함수의 미분법	상	4점	
4	함수의 연속	하	3.3점		16	접선의 방정식	중상	4점	
5	다항함수의 미분법	중하	3.3점		17	미분가능성과 연속성	상	4점	
6	미분계수	중하	3.3점		18	미분가능성과 연속성	최상	4점	
7	다항함수의 미분법	중하	3.7점		19	미분계수	중하	6점	
8	다항함수의 미분법	중하	3.7점		20	미분가능성과 연속성	중상	6점	
9	접선의 방정식	중상	3.7점		21	미분계수	상	6점	
10	접선의 방정식	중상	3.7점		22	미분가능성과 연속성	최상	8점	
11	다항함수의 미분법	중상	3.7점		23	다항함수의 미분법	최상	8점	
12	연속함수의 성질	중상	3.7점						

■ 2학년 중간고사(4회)

번호	소단원명	난이도	배점	○/×	번호	소단원명	난이도	배점	○/×
1	함수의 극한	하	3.3점		13	다항함수의 미분법	중상	4점	
2	함수의 극한의 성질	하	3.3점		14	함수의 극한의 성질 📹	상	4점	
3	함수의 극한의 성질	하	3.3점		15	접선의 방정식	중상	4점	
4	함수의 연속	하	3.3점		16	연속함수의 성질	상	4점	
5	함수의 연속	중하	3.3점		17	함수의 극한의 성질 📹	상	4점	
6	미분계수	중하	3.3점		18	함수의 극한의 성질	최상	4점	
7	미분계수	중하	3.7점		19	함수의 연속	중하	6점	
8	미분계수	중하	3.7점		20	도함수 📹	상	6점	
9	다항함수의 미분법	중상	3.7점		21	미분가능성과 연속성	상	6점	
10	다항함수의 미분법	중상	3.7점		22	접선의 방정식 📹	상	8점	
11	미분가능성과 연속성	중상	3.7점		23	함수의 연속 📹	최상	8점	
12	접선의 방정식	중상	3.7점						

■ 2학년 중간고사(5회)

번호	소단원명	난이도	배점	○/×	번호	소단원명	난이도	배점	○/×
1	함수의 극한	하	3.3점		13	접선의 방정식	중상	4점	
2	함수의 극한	하	3.3점		14	접선의 방정식 📹	중상	4점	
3	함수의 극한의 성질	중하	3.3점		15	연속함수의 성질	상	4점	
4	함수의 극한의 성질	중하	3.3점		16	함수의 극한의 성질 📹	상	4점	
5	함수의 연속	중하	3.3점		17	함수의 연속 📹	상	4점	
6	연속함수의 성질	중하	3.3점		18	연속함수의 성질 📹	최상	4점	
7	다항함수의 미분법	중하	3.7점		19	미분계수	중하	6점	
8	다항함수의 미분법	중하	3.7점		20	접선의 방정식	중하	6점	
9	다항함수의 미분법	중하	3.7점		21	도함수	중상	6점	
10	미분계수	중상	3.7점		22	도함수	중상	8점	
11	다항함수의 미분법	중상	3.7점		23	함수의 극한의 성질 📹	최상	8점	
12	다항함수의 미분법	중상	3.7점						

■ 2학년 중간고사(6회)

번호	소단원명	난이도	배점	○/×	번호	소단원명	난이도	배점	○/×
1	함수의 극한	하	3.3점		13	다항함수의 미분법	중상	4점	
2	함수의 극한의 성질	하	3.3점		14	접선의 방정식	중상	4점	
3	함수의 극한의 성질	중하	3.3점		15	함수의 연속	중상	4점	
4	함수의 극한의 성질	중하	3.3점		16	연속함수의 성질 📹	상	4점	
5	함수의 연속	중하	3.3점		17	미분가능성과 연속성 📹	상	4점	
6	함수의 연속	중하	3.3점		18	연속함수의 성질 📹	상	4점	
7	미분계수	중하	3.7점		19	미분계수	중하	6점	
8	미분계수	중하	3.7점		20	도함수	중상	6점	
9	다항함수의 미분법	중하	3.7점		21	접선의 방정식	중상	6점	
10	다항함수의 미분법	중하	3.7점		22	접선의 방정식 📹	상	8점	
11	다항함수의 미분법	중하	3.7점		23	함수의 극한 📹	최상	8점	
12	함수의 극한의 성질	중상	3.7점						

■ 2학년 중간고사(7회)

번호	소단원명	난이도	배점	○/×	번호	소단원명	난이도	배점	○/×
1	함수의 극한의 성질	하	3.3점		13	함수의 극한의 성질	중상	4점	
2	다항함수의 미분법	하	3.3점		14	함수의 극한의 성질	중상	4점	
3	함수의 극한	중하	3.3점		15	미분계수	중상	4점	
4	함수의 극한	중하	3.3점		16	다항함수의 미분법	중상	4점	
5	함수의 연속	중하	3.3점		17	연속함수의 성질 📹	상	4점	
6	연속함수의 성질	중하	3.3점		18	다항함수의 미분법 📹	상	4점	
7	함수의 연속	중하	3.7점		19	다항함수의 미분법	중하	6점	
8	다항함수의 미분법	중하	3.7점		20	함수의 극한의 성질	중상	6점	
9	미분계수	중하	3.7점		21	미분계수 📹	중상	6점	
10	다항함수의 미분법	중상	3.7점		22	함수의 연속 📹	상	8점	
11	접선의 방정식	중상	3.7점		23	접선의 방정식 📹	최상	8점	
12	접선의 방정식	중상	3.7점						

■ 2학년 중간고사(8회)

번호	소단원명	난이도	배점	○/×	번호	소단원명	난이도	배점	○/×
1	함수의 극한의 성질	하	3.3점		13	미분가능성과 연속성	중상	4점	
2	함수의 극한의 성질	하	3.3점		14	다항함수의 미분법	중상	4점	
3	함수의 극한	하	3.3점		15	접선의 방정식	중상	4점	
4	함수의 연속	중하	3.3점		16	함수의 극한의 성질 📹	상	4점	
5	연속함수의 성질	중하	3.3점		17	접선의 방정식 📹	상	4점	
6	미분계수	중하	3.3점		18	다항함수의 미분법 📹	최상	4점	
7	미분계수	중하	3.7점		19	함수의 극한의 성질	중하	6점	
8	다항함수의 미분법	중하	3.7점		20	함수의 연속	중하	6점	
9	다항함수의 미분법	중하	3.7점		21	미분계수	중상	6점	
10	접선의 방정식	중하	3.7점		22	다항함수의 미분법 📹	상	8점	
11	함수의 극한의 성질	중상	3.7점		23	연속함수의 성질 📹	최상	8점	
12	함수의 연속	중상	3.7점						

■ 2학년 중간고사(9회)

번호	소단원명	난이도	배점	○/×	번호	소단원명	난이도	배점	○/×
1	함수의 극한	하	3.3점		13	미분계수	중상	4점	
2	함수의 극한의 성질	하	3.3점		14	다항함수의 미분법	중상	4점	
3	함수의 극한의 성질	중하	3.3점		15	함수의 극한의 성질	상	4점	
4	연속함수의 성질	중하	3.3점		16	연속함수의 성질 📹	상	4점	
5	도함수	중하	3.3점		17	다항함수의 미분법 📹	상	4점	
6	미분계수	중하	3.3점		18	연속함수의 성질 📹	최상	4점	
7	다항함수의 미분법	중하	3.7점		19	함수의 극한의 성질	중하	6점	
8	접선의 방정식	중하	3.7점		20	함수의 연속	중하	6점	
9	접선의 방정식	중상	3.7점		21	다항함수의 미분법	중상	6점	
10	함수의 극한의 성질	중상	3.7점		22	도함수 📹	상	8점	
11	함수의 연속	중상	3.7점		23	접선의 방정식 📹	상	8점	
12	미분가능성과 연속성	중상	3.7점						

004

■ 2단원 중간고사(10점)

번호	수행평가	단어	배점	○/×	번호	수행평가	단어	배점	○/×
1	평상시 대하는 모습	한	3.3점		13	미리/생각하고 실수하다	중상	4점	
2	평상시 대하는 사람의 모습	중하	3.3점		14	다른평상시의 미리펌	중상	4점	
3	연수평상시 실수	하	3.3점		15	평상의 평상시	중상	4점	
4	평상시 실수	중하	3.3점		16	평상시 대하는 사람의 실수	중상	4점	
5	미운기게	중상	3.3점		17	연수평상시 실수	상	4점	
6	미운기게	중상	3.3점		18	수물들	중상	4점	
7	다른평상시의 미리펌	중상	3.7점		19	미운기게	중상	6점	
8	평상시 대하는 사람의 실수	중상	3.7점		20	다른평상시의 미리펌	중상	6점	
9	평상시 실수	하	3.7점		21	평상의 평상시	상	6점	
10	연수평상시 실수	중상			22	평상시 대하는 사람의 실수	상	8점	
11	다른평상시의 미리펌	중상	3.7점		23	평상시 대하는 사람의 실수	중상	8점	
12	평상의 평상시	중상	3.7점						

■ [어휘 1회] 평상경 정리

번호	수행평가	단어	배점	○/×	번호	수행평가	단어	배점	○/×
1	평상경 정리	중상	4점		5	평상경 정리	중상	5점	
2	평상경 정리	상	4점		6	평상경 정리	상	5점	
3	평상경 정리	상	4점		7	평상경 정리	중상	6점	
4	평상경 정리	중상	4점		8	평상경 정리	상	8점	

■ [어휘 2회] 평상의 증가와 감소

번호	수행평가	단어	배점	○/×	번호	수행평가	단어	배점	○/×
1	평상의 증가와 감소	중상	4점		5	평상의 증가와 감소	상	5점	
2	평상의 증가와 감소	중상	4점		6	평상의 증가와 감소	상	5점	
3	평상의 증가와 감소	중상	4점		7	평상의 증가와 감소	중상	6점	
4	평상의 증가와 감소	상	4점		8	평상의 증가와 감소	상	8점	

■ [어휘 3회] 평상의 대립과 조화

번호	수행평가	단어	배점	○/×	번호	수행평가	단어	배점	○/×
1	평상의 대립과 조화	상	4점		5	평상의 대립과 조화	상	5점	
2	평상의 대립과 조화	중상	4점		6	평상의 대립과 조화	중상	5점	
3	평상의 대립과 조화	중상	4점		7	평상의 대립과 조화	중상	6점	
4	평상의 대립과 조화	상	4점		8	평상의 대립과 조화	상	8점	

■ [어휘 4회] 평상의 대립과 조화

번호	수행평가	단어	배점	○/×	번호	수행평가	단어	배점	○/×
1	평상의 대립과 조화	중상	4점		5	평상의 대립과 조화	중상	5점	
2	평상의 대립과 조화	중상	4점		6	평상의 대립과 조화	상	5점	
3	평상의 대립과 조화	중상	4점		7	평상의 대립과 조화	중상	6점	
4	평상의 대립과 조화	중상	4점		8	평상의 대립과 조화	중상	8점	

수 학 Ⅱ

범위 : 함수의 극한 ~ 접선의 방정식

대상	2학년	고사일시	20 년 월 일	과목코드	01	시간	50분	점수	/100점

- 답안지에 필요한 인적 사항을 정확히 기입할 것.
- 객관식 문제의 답안 표기는 OMR카드에 반드시 컴퓨터용 사인펜을 사용하여 기입할 것.
- 주관식 문제의 답안 표기는 반드시 검은색 펜을 사용할 것.

객관식

01

함수 $y=f(x)$의 그래프가 그림과 같다.

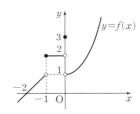

$\lim\limits_{x \to -1+} f(x) + \lim\limits_{x \to 0+} f(x)$의 값은? [3.3점]

① 1　　　　② 2　　　　③ 3

④ 4　　　　⑤ 5

02

두 상수 a, b에 대하여

$$\lim_{x \to -1} \frac{x^2 - ax - 5}{x + 1} = b$$

일 때, $a+b$의 값은? [3.3점]

① 3　　　　② 2　　　　③ 1

④ −1　　　　⑤ −2

03

$\lim\limits_{x \to -\infty} \dfrac{x+1}{\sqrt{x^2+x}-x}$의 값은? [3.3점]

① −1　　　　② $-\dfrac{1}{2}$　　　　③ 0

④ $\dfrac{1}{2}$　　　　⑤ 1

04

함수 $f(x) = (x-3)(x^3 + 2x^2 + 4)$일 때, $f'(3)$의 값은?

[3.3점]

① 46　　　　② 47　　　　③ 48

④ 49　　　　⑤ 50

05

다항함수 $y=f(x)$에 대하여 $\lim\limits_{x \to 0} \dfrac{f(x)}{x}=3$일 때,

$\lim\limits_{x \to -2} \dfrac{f(x+2)}{x^2-4}$ 의 값은? [3.3점]

① $-\dfrac{1}{4}$ ② $-\dfrac{1}{2}$ ③ $-\dfrac{3}{4}$

④ -1 ⑤ $-\dfrac{5}{4}$

06

〈보기〉의 함수 중에서 $x=0$에서 연속인 것만을 있는 대로 고른 것은? (단, $[x]$는 x보다 크지 않은 최대의 정수이다.) [3.3점]

┤ 보 기 ├

ㄱ. $f(x)=\dfrac{x+1}{x}$ ㄴ. $f(x)=[x-1]$

ㄷ. $f(x)=\begin{cases} \dfrac{|x|}{x} & (x \neq 0) \\ 1 & (x=0) \end{cases}$

ㄹ. $f(x)=\begin{cases} x(x+1) & (x \neq 0) \\ 0 & (x=0) \end{cases}$

① ㄱ   ② ㄷ   ③ ㄹ

④ ㄱ, ㄴ   ⑤ ㄷ, ㄹ

07

함수 $f(x)$는 모든 실수 x에 대하여 연속이고 $\lim\limits_{x \to 0} \dfrac{f(x)}{x}=\dfrac{1}{2}$ 이다. 함수 $(x^2-4)g(x)=f(x-2)$가 $x=2$에서 연속이 되도록 할 때, $g(2)$의 값은? [3.7점]

① $\dfrac{1}{8}$ ② $\dfrac{1}{4}$ ③ $\dfrac{1}{2}$

④ 1 ⑤ 2

08

다항함수 $f(x)$에 대하여 $f(4)=f'(4)=1$일 때,

$\lim\limits_{x \to 4} \dfrac{x^2 f(x)-16}{x-4}$ 의 값은? [3.7점]

① 12 ② 16 ③ 20

④ 24 ⑤ 28

09

미분가능한 함수 $y=f(x)$에 대하여 $f'(1)=5$일 때, $\lim\limits_{n\to\infty} 4n\left\{f\left(\dfrac{n+3}{n}\right)-f\left(\dfrac{n+2}{n}\right)\right\}$ 의 값은? [3.7점]

① 15　　　　　② 20　　　　　③ 25

④ 30　　　　　⑤ 35

11

함수 $f(x)=(x+2)(5x^2-1)$에 대하여 $\lim\limits_{h\to 0}\dfrac{f(2+h)-f(2-h)}{h}$ 의 값은? [3.7점]

① 197　　　　　② 198　　　　　③ 199

④ 200　　　　　⑤ 201

10

미분가능한 함수 $f(x)$가 모든 실수 $x,\,y$에 대하여
$$f(x+y)=f(x)+f(y)$$
를 만족하고 $f'(0)=1$일 때, $f'(1)$의 값은? [3.7점]

① 5　　　　　② 4　　　　　③ 3

④ 2　　　　　⑤ 1

12

곡선 $y=(2x+1)^3(x^2+a)$ 위의 $x=-1$인 점에서의 접선의 기울기가 -16일 때, 상수 a의 값은? [3.7점]

① -1　　　　　② -2　　　　　③ -3

④ -4　　　　　⑤ -5

13

곡선 $y = x^2 - 3x + 1$ 위의 점 $(2, -1)$을 지나고, 이 점에서의 접선에 수직인 직선의 방정식을 $y = ax + b$라 하자. 두 상수 a, b에 대하여 ab의 값은? [4점]

① -3 ② -2 ③ -1
④ 0 ⑤ 1

14

다항함수 $f(x)$가

$$\lim_{x \to \infty} \frac{f(x) - x^2}{x} = 4, \quad \lim_{x \to 1} \frac{x^2 - 1}{(x-1)f(x)} = 2$$

를 만족시킬 때, $f(3)$의 값은? [4점]

① 5 ② 8 ③ 11
④ 14 ⑤ 17

15

곡선 $y = x^3 + 2x + 6$ 위의 점 $P(-1, 3)$에서의 접선이 점 P가 아닌 점 (a, b)에서 곡선과 만난다. $a + b$의 값은? [4점]

① 20 ② 22 ③ 24
④ 26 ⑤ 28

16

 ▶유튜브 강의

이차항의 계수가 2인 이차함수 $g(x)$에 대하여 함수

$$f(x) = \begin{cases} \dfrac{g(x)}{x-3} & (x \neq 3) \\ a & (x = 3) \end{cases}$$

가 모든 실수 x에 대하여 연속이고 $f(0) = -4$일 때, $f(2) + f(3)$의 값은? (단, a는 상수이다.) [4점]

① 1 ② 2 ③ 3
④ 4 ⑤ 5

아름다운 샘

17

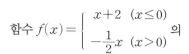

함수 $f(x) = \begin{cases} x+2 & (x \leq 0) \\ -\dfrac{1}{2}x & (x > 0) \end{cases}$ 의

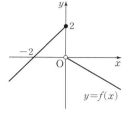

그래프가 그림과 같을 때, 함수 $g(x) = f(x)\{f(x)+k\}$ 가 모든 실수 x에 대하여 연속이 되도록 하는 상수 k의 값은? [4점]

① -2 ② -1 ③ 0

④ 1 ⑤ 2

18

▶유튜브 강의

그림과 같이 곡선 $y = \sqrt{2x-2}$ 위를 움직이는 점 P에서 x축에 내린 수선 또는 수선의 연장선 위에 점 A(3, 2) 에서 내린 수선의 발을 Q라 하자. 점 P가 점 A에 한없이 가까워질 때, $\dfrac{\overline{\mathrm{AQ}}}{\overline{\mathrm{PQ}}}$ 의 극한값은? [4점]

① $\dfrac{1}{2}$ ② 1 ③ $\dfrac{3}{2}$

④ 2 ⑤ $\dfrac{5}{2}$

※ 다음은 서술형 문제입니다. 서술형 답안지에 풀이 과정과 답을 정확하게 서술하시오.

서술형 주관식

19

함수 $f(x) = x^3 + 2ax^2 + 4bx$ 가

$$f(-1) = -7, \quad \lim_{x \to 1} \frac{f(x)-f(1)}{x-1} = 3$$

을 만족시킬 때, $f(2)$의 값을 구하시오. (단, a, b는 상수이다.)

[6점]

20

함수

$$f(x) = \begin{cases} x^3 + ax^2 + 3x & (x \geq 1) \\ 2x^2 + b & (x < 1) \end{cases}$$

가 모든 실수 x에서 미분가능하도록 두 상수 a, b를 정할 때, ab의 값을 구하시오. [6점]

21

두 곡선 $y=-x^3+4$, $y=x^2+ax+b$가 점 $(1, 3)$에서 공통접선을 가질 때, 두 상수 a, b에 대하여 ab의 값을 구하시오. [6점]

22

함수 $f(x)=|x-3|$에 대하여 $x=3$에서의 연속성과 미분가능성을 조사하시오. (단, 미분가능성은 미분계수의 정의를 이용하여 보이시오.) [8점]

23

모든 실수 x에서 연속인 함수 $f(x)$가 다음 조건을 만족시킨다.

㉮ $(x-1)f(x)=x^3+ax+b$
㉯ $f(1)=5$

닫힌구간 $[0, 2]$에서 함수 $f(x)$의 최댓값을 M, 최솟값을 m이라 할 때, $M+m$의 값을 구하시오. [8점]

수 학 II

범위: 함수의 극한 ~ 접선의 방정식

대상	2학년	고사일시	20 년 월 일	과목코드	02	시간	50분	점수	/100점

- 답안지에 필요한 인적 사항을 정확히 기입할 것.
- 객관식 문제의 답안 표기는 OMR카드에 반드시 컴퓨터용 사인펜을 사용하여 기입할 것.
- 주관식 문제의 답안 표기는 반드시 검은색 펜을 사용할 것.

객관식

01

함수 $f(x)=\begin{cases} -(x-1)^2+2 & (x>1) \\ 2x+3 & (x\leq 1) \end{cases}$ 에 대하여

$\lim\limits_{x\to 1-} f(x) + \lim\limits_{x\to 1+} f(x)$의 값은? [3.3점]

① 5 　　　② 6 　　　③ 7

④ 8 　　　⑤ 9

02

다항함수 $f(x)$에 대하여 $\lim\limits_{x\to 1} \dfrac{8(x^4-1)}{(x^2-1)f(x)}=1$일 때, $f(1)$의

값은? [3.3점]

① 16 　　　② 14 　　　③ 12

④ 10 　　　⑤ 8

03

함수 $f(x)=\begin{cases} \dfrac{x^2+ax+b}{x-1} & (x\neq 1) \\ 5 & (x=1) \end{cases}$ 가 $x=1$에서 연속일 때,

두 상수 a, b에 대하여 ab의 값은? [3.3점]

① -6 　　　② -8 　　　③ -10

④ -12 　　　⑤ -14

04

미분가능한 함수 $f(x)$에 대하여 $f'(1)=6$일 때,

$\lim\limits_{h\to 0} \dfrac{f(1+2h)-f(1)}{3h}$의 값은? [3.3점]

① 2 　　　② 4 　　　③ 6

④ 8 　　　⑤ 10

05

함수 $f(x)=(x+1)(x^2-3x+5)$에 대하여

$\displaystyle\lim_{x\to1}\dfrac{x^3f(1)-f(x^3)}{x-1}$ 의 값은? [3.3점]

① 7 　　　　　② 9 　　　　　③ 11

④ 13 　　　　　⑤ 15

06

두 함수

$$f(x)=\begin{cases}-x-1 & (x<0)\\ x^3+1 & (x\geq0)\end{cases},\ g(x)=\begin{cases}x^2+3 & (x<0)\\ 2x+k & (x\geq0)\end{cases}$$

에 대하여 함수 $f(x)+g(x)$가 $x=0$에서 연속이 되도록 하는 상수 k의 값은? [3.3점]

① −1 　　　　　② 0 　　　　　③ 1

④ 2 　　　　　⑤ 3

07

그림은 함수 $y=f(x)$의 그래프이다. 다음 세 조건을 모두 만족하는 두 실수 a, b에 대하여 $a-b$의 값은? (단, $-2\leq a\leq7$)

[3.7점]

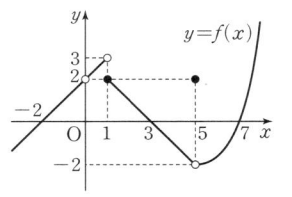

(가) $\displaystyle\lim_{x\to a+}f(x)=\lim_{x\to a-}f(x)$

(나) $f(x)$는 $x=a$에서 불연속이다.

(다) $f(a)=b$

① −3 　　　　　② −1 　　　　　③ 1

④ 3 　　　　　⑤ 5

08

미분가능한 함수 $f(x)$가 모든 실수 x, y에 대하여

$$f(x+y)=f(x)+f(y)+xy-2$$

를 만족시키고 $f'(1)=5$일 때, $f'(0)$의 값은? [3.7점]

① 0 　　　　　② 1 　　　　　③ 2

④ 3 　　　　　⑤ 4

09

$x=1$에서 미분가능한 함수만을 〈보기〉에서 있는 대로 고른 것은? [3.7점]

┤ 보 기 ├
ㄱ. $f(x)=x^2$
ㄴ. $f(x)=|x^2-x|$
ㄷ. $f(x)=\dfrac{1}{x}$

① ㄱ
② ㄷ
③ ㄱ, ㄴ
④ ㄱ, ㄷ
⑤ ㄱ, ㄴ, ㄷ

10

함수 $f(x)=\begin{cases} ax^2-5x+2 & (x\leq 1) \\ x^3-x^2+bx & (x>1) \end{cases}$ 가 $x=1$에서

미분가능할 때, a^2+b^2의 값은? (단, a, b는 상수이다.) [3.7점]

① 8
② 9
③ 10
④ 11
⑤ 12

11

두 함수 $f(x)$, $g(x)$는 모든 실수에서 미분가능하고 $y=f(x)$의 그래프가 그림과 같다. 함수 $p(x)$를 $p(x)=f(x)g(x)$로 정의하면 $p'(-3)=8$이다. $g'(-3)$의 값은?

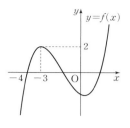

[3.7점]

① 1
② 2
③ 3
④ 4
⑤ 5

12

곡선 $y=2x^2-2x+3$에서 기울기가 2인 접선을 그을 때, 접점의 좌표를 (a, b)라 하면 $a+b$의 값은? [3.7점]

① 2
② 4
③ 6
④ 8
⑤ 10

13

$\lim\limits_{x \to -\infty} (\sqrt{2+x^2} + ax) = b$를 만족시키는 두 상수 a, b에 대하여 $a+b$의 값은? [4점]

① 1   ② 3   ③ 5

④ 7   ⑤ 9

14

이차함수 $f(x) = 3x^2 - 4x + 2$의 그래프를 y축의 방향으로 a만큼 평행이동한 이차함수 $y=g(x)$의 그래프에 대하여 두 함수 $y=f(x)$와 $y=g(x)$의 그래프 사이에 함수 $y=h(x)$의 그래프가 존재할 때, $\lim\limits_{x \to \infty} \dfrac{h(x)}{x^2}$의 값은? (단, $a>0$) [4점]

① 1   ② 2   ③ 3

④ 4   ⑤ 5

15

모든 실수 x에서 연속인 함수 $f(x)$가 닫힌구간 $[0, 4]$에서

$$f(x) = \begin{cases} ax & (0 \le x \le 1) \\ bx-8 & (1 < x \le 4) \end{cases}$$

이고, 모든 실수 x에 대하여 $f(x+4)=f(x)$를 만족시킬 때, $f(1)+f(3)$의 값은? (단, a, b는 상수이다.) [4점]

① 0   ② -2   ③ -4

④ -6   ⑤ -8

16

곡선 $y = x^2 + 1$ 위의 점 $(-2, 5)$에서의 접선이 곡선 $y = x^3 + ax - 1$에 접할 때, 상수 a의 값은? [4점]

① -9   ② -7   ③ -5

④ -3   ⑤ -1

17 ▶유튜브 강의

다항함수 $f(x)$의 도함수를 $g(x)$라 하자. 함수 $f(x)$가

$$\lim_{x \to 1} \frac{f(x)+3}{x^2-1}=2, \quad \lim_{x \to \infty} \frac{f(x)}{2x^2-x}=\frac{1}{2}$$

을 만족하고 $h(x)=f(x)g(x)$일 때, $h'(1)$의 값은? [4점]

① 10   ② 8   ③ 6

④ 4   ⑤ 2

18 ▶유튜브 강의

그림과 같이 닫힌구간 $[-2, 2]$에서 정의된 함수 $y=f(x)$에 대하여 함수 $y=g(x)$가 $g(x)=f(-x)$일 때, 옳은 것만을 〈보기〉에서 있는 대로 고른 것은? [4점]

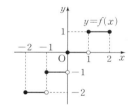

┤ 보기 ├

ㄱ. $\lim_{x \to 0}\{f(x)+g(x)\}$의 값이 존재한다.

ㄴ. 함수 $y=f(x)g(x)$는 $x=0$에서 연속이다.

ㄷ. 닫힌구간 $[-2, 2]$에서 함수 $y=g(f(x))$의 불연속인 점은 3개이다.

① ㄴ   ② ㄷ   ③ ㄱ, ㄴ

④ ㄱ, ㄷ   ⑤ ㄴ, ㄷ

※ 다음은 서술형 문제입니다. 서술형 답안지에 풀이 과정과 답을 정확하게 서술하시오.

서술형 주관식

19

다항함수 $f(x)$에 대하여 $f'(1)=6$일 때, $\lim_{x \to 1} \frac{f(x^3)-f(1)}{x-1}$

의 값을 구하시오. [6점]

20

두 함수 $f(x)$, $g(x)$가

$$\lim_{x \to 3}\{2f(x)+4\}=8, \quad \lim_{x \to 3}\{3g(x)-f(x)\}=7$$

을 만족시킬 때, $\lim_{x \to 3}\{f(x)-g(x)\}$의 값을 구하시오. [6점]

21

▶ 유튜브 강의

곡선 $y=x^3-5x$ 위의 점 $A(-1, 4)$에서의 접선이 점 A가 아닌 점 B에서 곡선과 만날 때, 선분 AB의 길이를 구하시오.

[6점]

22

▶ 유튜브 강의

다항함수 $f(x)$가 $\lim\limits_{x\to\infty}\dfrac{f(x)}{x^3}=0$, $\lim\limits_{x\to 0}\dfrac{f(x)}{x}=4$를 만족시킨다.

방정식 $f(x)=x$의 한 근이 3일 때, $f(1)$의 값을 구하시오.

[8점]

23

▶ 유튜브 강의

다항함수 $f(x)$가 다음 조건을 만족시킬 때, $f(3)$의 값을 구하시오. [8점]

(개) $f(2)=10$

(내) 모든 실수 x에 대하여 $(f \circ f)(x)=f(x)f'(x)+6$

수 학 Ⅱ

범위: 함수의 극한 ~ 접선의 방정식

| 대상 | 2학년 | 고사일시 | 20   년   월   일 | 과목코드 | 03 | 시간 | 50분 | 점수 | /100점 |

- 답안지에 필요한 인적 사항을 정확히 기입할 것.
- 객관식 문제의 답안 표기는 OMR카드에 반드시 컴퓨터용 사인펜을 사용하여 기입할 것.
- 주관식 문제의 답안 표기는 반드시 검은색 펜을 사용할 것.

객관식

01

함수 $y=f(x)$의 그래프가 그림과 같다.

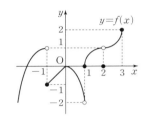

$\lim\limits_{x \to -1+} f(x) + \lim\limits_{x \to 1+} f(x)$의 값은? [3.3점]

① -2 ② -1 ③ 0

④ 1 ⑤ 2

02

$\lim\limits_{x \to 3} \dfrac{x^2-9}{x^2+ax}=b$가 성립할 때, 두 상수 a, b에 대하여 $a+b$의 값은? (단, $b \neq 0$) [3.3점]

① -3 ② -2 ③ -1

④ 1 ⑤ 2

03

다항함수 $f(x)$에 대하여 $\lim\limits_{x \to 0} \dfrac{f(x)}{x^2}=3$일 때,

$\lim\limits_{x \to 0} \dfrac{f(x)+x^2}{f(x)-x^2}$의 값은? [3.3점]

① 5 ② 4 ③ 3

④ 2 ⑤ 1

04

함수 $f(x) = \begin{cases} \dfrac{2\sqrt{x+a}-b}{x} & (x \neq 0) \\ \dfrac{1}{2} & (x=0) \end{cases}$ 이 $x=0$에서 연속이 되

도록 하는 두 상수 a, b에 대하여 $a+b$의 값은? [3.3점]

① 5 ② 6 ③ 7

④ 8 ⑤ 9

05

함수 $f(x)=x^3-ax^2$에 대하여 x의 값이 -1에서 1까지 변할 때의 평균변화율과 $x=b$에서의 미분계수가 서로 같은 b의 값들의 합이 4이다. 이때, 상수 a의 값은? [3.3점]

① 5　　　　② 6　　　　③ 7

④ 8　　　　⑤ 9

06

함수 $f(x)=x^2+2x+5$에 대하여

$\lim\limits_{n\to\infty} n\left\{f\left(a+\dfrac{2}{n}\right)-f(a)\right\}=12$일 때, 상수 a의 값은? [3.3점]

① 1　　　　② 2　　　　③ 3

④ 4　　　　⑤ 5

07

다항함수 $y=f(x)$의 그래프는 y축에 대하여 대칭이고

$f'(-2)=-2$, $f'(4)=10$일 때, $\lim\limits_{x\to 2}\dfrac{f(x^2)-f(4)}{f(x)-f(2)}$의 값은?

[3.7점]

① 12　　　　② 14　　　　③ 16

④ 18　　　　⑤ 20

08

함수 $f(x)=(ax^3-2x+3)(4x-5)$에 대하여

$f'(1)=4$일 때, $f(-1)$의 값은? [3.7점]

① -63　　　② -49　　　③ -35

④ 35　　　　⑤ 63

09

함수 $f(x)=\dfrac{3}{2}x^3-ax^2+bx+c$의 그래프 위의 점 $(1,3)$에서의 접선의 기울기가 5일 때, $\displaystyle\lim_{x\to 1}\dfrac{x^3f(1)-f(x^3)}{x-1}$의 값은?

(단, a,b,c는 상수이다.) [3.7점]

① -6 ② -3 ③ 1

④ 3 ⑤ 6

10

곡선 $y=x^3-2x^2+3x+1$ 위의 점 $(1,3)$에서의 접선의 방정식을 $y=ax+b$라 할 때, 두 상수 a,b에 대하여 ab의 값은?

[3.7점]

① -2 ② -1 ③ 1

④ 2 ⑤ 3

11

서로 다른 두 실수 a,b에 대하여

$$\lim_{x\to a}\dfrac{x^3-a^3}{x^2-a^2}=3,\quad \lim_{x\to\infty}(\sqrt{x^2+ax}-\sqrt{x^2+bx})=3$$

일 때, $a+b$의 값은? [3.7점]

① -2 ② -1 ③ 1

④ 2 ⑤ 4

12

실수 a에 대하여 집합

$$\{x\,|\,ax^2+2(a-2)x-(a-2)=0,\ x\text{는 실수}\}$$

의 원소의 개수를 $f(a)$라 할 때, 함수 $f(a)$가 불연속인 점의 개수는? [3.7점]

① 1 ② 2 ③ 3

④ 4 ⑤ 5

13

점 $(1, -1)$에서 곡선 $y = x^2 - x$에 그은 두 접선의 기울기의 곱은? [4점]

① -3 ② -2 ③ -1

④ 2 ⑤ 3

14

함수 $f(x) = (x^2 + x + 1)(ax + b)$가

$$\lim_{x \to 1} \frac{f(x) - f(1)}{x - 1} = 3, \quad \lim_{x \to 2} \frac{x^3 - 8}{f(x) - f(2)} = 1$$

을 만족할 때, $f'(3)$의 값은? [4점]

① 23 ② 24 ③ 25

④ 26 ⑤ 27

15

▶ 유튜브 강의

다항함수 $y = f(x)$가 $\lim_{x \to 1} \frac{f(x)}{x-1} = 3$, $\lim_{x \to 2} \frac{f(x)}{x-2} = 1$을 만족시킬 때, 방정식 $f(x) = 0$은 $1 \le x \le 2$에서 적어도 n개의 서로 다른 실근을 가진다. n의 값은? [4점]

① 2 ② 3 ③ 4

④ 5 ⑤ 6

16

그림과 같이 곡선 $y = x^2 + 1$ 위를 움직이는 점 $P(t, t^2 + 1)$이 있다. 점 P를 지나고 점 P에서의 접선에 수직인 직선이 y축과 만나는 점을 $Q(0, f(t))$라 할 때, $\lim_{t \to 0} f(t)$의 값은? [4점]

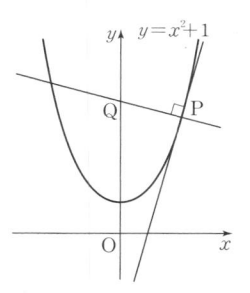

① $\dfrac{1}{2}$ ② 1

③ $\dfrac{3}{2}$ ④ 2

⑤ $\dfrac{5}{2}$

17

두 함수 $f(x)=|x-3|+3$, $g(x)=ax^2+1$에 대하여 함수 $y=f(x)g(x)$가 실수 전체의 집합에서 미분가능할 때, 상수 a의 값은? [4점]

① $-\dfrac{5}{9}$　　② $-\dfrac{4}{9}$　　③ $-\dfrac{1}{3}$

④ $-\dfrac{2}{9}$　　⑤ $-\dfrac{1}{9}$

18 ▶ 유튜브 강의

두 함수

$$f(x)=\begin{cases} 1 & (|x|\geq 1) \\ -x & (|x|<1) \end{cases},\quad g(x)=\begin{cases} -1 & (|x|\geq 1) \\ 1 & (|x|<1) \end{cases}$$

에 대하여 옳은 것만을 〈보기〉에서 있는 대로 고른 것은? [4점]

┌─ 보기 ─────────────────┐
ㄱ. $\lim\limits_{x\to 1} f(x)g(x)=-1$

ㄴ. 함수 $f(x+1)$은 $x=0$에서 연속이다.

ㄷ. 함수 $f(x+1)g(x)$는 $x=-1$에서 연속이다.
└──────────────────────┘

① ㄱ　　② ㄴ　　③ ㄱ, ㄴ

④ ㄱ, ㄷ　　⑤ ㄱ, ㄴ, ㄷ

※ 다음은 서술형 문제입니다. 서술형 답안지에 풀이 과정과 답을 정확하게 서술하시오.

서술형 주관식

19

모든 실수 x에서 연속인 함수 $f(x)$가

$$\lim_{x\to 2}\frac{(x^2-x-2)f(x)}{x^2-4}=12$$를 만족시킬 때, $f(2)$의 값을 구하시오. [6점]

20

함수 $f(x)=\begin{cases} 3x^2-5x+2 & (x\leq 1) \\ x^3-x^2 & (x>1) \end{cases}$ 에 대하여 $x=1$에서의 연속성과 미분가능성을 조사하시오.

(단, 미분가능성은 미분계수의 정의를 이용하여 보이시오.)

(1) 연속성 [3점]

(2) 미분가능성 [3점]

아름다운샘

21

▶ 유튜브 강의

함수 $f(x)=x^3-2x^2+4$일 때,

$\displaystyle\lim_{n\to\infty} n\left\{f\left(1+\dfrac{1}{n}\right)-f\left(1-\dfrac{1}{n}\right)\right\}$의 값을 구하시오. [6점]

22

▶ 유튜브 강의

두 함수 $y=f(x)$, $y=g(x)$에 대하여

$$\lim_{x\to2}\frac{f(x)-3}{x-2}=4,\ \lim_{x\to2}\frac{g(x)-1}{x-2}=2$$

가 성립할 때, 함수 $y=h(x)$는 모든 실수 x에 대하여

$$(x-1)f(x)\le h(x)\le(x+1)g(x)$$

를 만족시킨다. $\displaystyle\lim_{x\to2} h(x)$의 값을 구하시오. [8점]

23

▶ 유튜브 강의

최고차항의 계수가 1인 두 삼차함수 $y=f(x)$, $y=g(x)$가 다음 조건을 만족시킬 때, $g(5)$의 값을 구하시오. [8점]

㈎ $g(2)=0$

㈏ $\displaystyle\lim_{x\to n}\dfrac{f(x)}{g(x)}=(n-1)(n-2)$ (단, $n=1, 2, 3, 4$)

수 학 II

범위: 함수의 극한 ~ 접선의 방정식

대상	2학년	고사일시	20 년 월 일	과목코드	04	시간	50분	점수	/100점

- 답안지에 필요한 인적 사항을 정확히 기입할 것.
- 객관식 문제의 답안 표기는 OMR카드에 반드시 컴퓨터용 사인펜을 사용하여 기입할 것.
- 주관식 문제의 답안 표기는 반드시 검은색 펜을 사용할 것.

객관식

01

함수 $f(x) = \begin{cases} x+2k & (x<3) \\ 7 & (x \geq 3) \end{cases}$ 에 대하여 $\lim_{x \to 3} f(x)$의 값이 존재

하도록 하는 상수 k의 값은? [3.3점]

① 0 　　　　　② 1 　　　　　③ 2

④ 3 　　　　　⑤ 4

02

두 상수 a, b에 대하여 $\lim_{x \to \infty} \dfrac{ax^3+bx^2-x+2}{3x^2-2x+5}=2$일 때, $a+b$

의 값은? [3.3점]

① 5 　　　　　② 6 　　　　　③ 7

④ 8 　　　　　⑤ 9

03

두 상수 a, b에 대하여

$$\lim_{x \to 2} \frac{a\sqrt{x-1}-1}{x-2}=b$$

일 때, $a-b$의 값은? [3.3점]

① 0 　　　　　② $\dfrac{1}{2}$ 　　　　　③ 1

④ $\dfrac{3}{2}$ 　　　　　⑤ 2

04

함수 $y=f(x)$ $(0<x<5)$의 그래프가 그림과 같다. 함수 $y=f(x)$의 극한값이 존재하지 않는 x의 개수를 a, 불연속인 x의 개수를 b라 할 때, $a+b$의 값은? [3.3점]

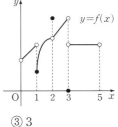

① 1 　　　　　② 2 　　　　　③ 3

④ 4 　　　　　⑤ 5

아름다운생

05

함수 $f(x) = \begin{cases} x(x-1) & (|x| > 1) \\ -x^2 + ax + b & (|x| \leq 1) \end{cases}$ 가 모든 실수 x에 대하여 연속이 되도록 상수 a, b의 값을 정할 때, ab의 값은?

[3.3점]

① -2 ② -1 ③ 0

④ 1 ⑤ 2

06

자연수 n에 대하여 닫힌구간 $[n, n+1]$에서 함수 $y = \sqrt{x}$의 평균변화율을 a_n이라 할 때, $\sum_{n=1}^{48} a_n$의 값은? [3.3점]

① 5 ② 6 ③ 7

④ 8 ⑤ 9

07

미분가능한 함수 $y = f(x)$가 $\lim\limits_{x \to 2} \dfrac{f(x)}{x-2} = 3$을 만족시킬 때,

$\lim\limits_{x \to 2} \dfrac{\{f(x)\}^2 - 4f(x)}{2-x}$ 의 값은? [3.7점]

① 4 ② 6 ③ 8

④ 10 ⑤ 12

08

다항함수 $y = f(x)$에 대하여 $\lim\limits_{h \to 0} \dfrac{f(2+h) - f(2-h)}{h} = 8$일 때,

$\lim\limits_{n \to \infty} n \left\{ f\left(2 + \dfrac{1}{n}\right) - f(2) \right\}$ 의 값은? [3.7점]

① 1 ② 2 ③ 3

④ 4 ⑤ 5

09

두 다항함수 $f(x)$, $g(x)$가 $f(x)=(x^2+1)g(x)$를 만족한다.
$f'(1)=10$, $g(1)=2$일 때, $g'(1)$의 값은? [3.7점]

① -1 ② 1 ③ 3

④ 5 ⑤ 7

10

다항함수 $f(x)$가 $\lim\limits_{h\to 0}\dfrac{f(1+2h)-3}{h}=6$을 만족할 때,

함수 $y=(2x^2+x)f(x)$의 $x=1$에서의 미분계수는? [3.7점]

① 15 ② 18 ③ 21

④ 24 ⑤ 27

11

함수 $f(x)=\begin{cases} x^2+2x & (x<a) \\ bx-1 & (x\ge a) \end{cases}$ 이 모든 실수에서 미분가능할 때,

두 상수 a, b의 합 $a+b$의 값은? (단, $a>0$) [3.7점]

① -1 ② 1 ③ 3

④ 5 ⑤ 7

12

곡선 $y=x^3-x+2$의 접선 중에서 직선 $y=2x+3$과 평행한 접선은 2개이다. 이 두 접선 사이의 거리는? [3.7점]

① $\dfrac{\sqrt{5}}{5}$ ② $\dfrac{2\sqrt{5}}{5}$ ③ $\dfrac{4\sqrt{5}}{5}$

④ $\dfrac{2\sqrt{3}}{3}$ ⑤ $\dfrac{4\sqrt{3}}{3}$

13

함수 $f(x)=x^{10}+ax^2+bx+a$가

$$f(-1)=8, \lim_{x \to 1} \frac{f(x)-f(1)}{x^3-1}=\frac{11}{3}$$

을 만족할 때, 두 상수 a, b의 합 $a+b$의 값은? [4점]

① -1 ② 0 ③ 1

④ 2 ⑤ 3

14

▶유튜브 강의

실수 전체의 집합에서 정의된 함수 $f(x)$에 대하여 〈보기〉에서 옳은 것을 모두 고른 것은? [4점]

┤ 보 기 ├

ㄱ. $\lim_{x \to \infty} xf(x)$의 값이 존재하면 $\lim_{x \to \infty} f(x)$의 값도 존재한다.

ㄴ. $\lim_{x \to 0} \dfrac{1}{f(x)}$의 값이 존재하면 $\lim_{x \to 0} f(x)$의 값도 존재한다.

ㄷ. $\lim_{x \to 1} f(x)$의 값이 존재하면 $\lim_{x \to 1} |f(x)|$의 값도 존재한다.

① ㄱ   ② ㄴ   ③ ㄷ

④ ㄱ, ㄴ   ⑤ ㄱ, ㄷ

15

두 곡선 $y=2x^3-1$, $y=3x^2-2$가 $x=a$인 점에서 공통인 접선을 가질 때, 그 공통인 접선의 방정식을 $y=mx+n$이라 하자. 두 상수 m, n에 대하여 $m+n$의 값은? [4점]

① 0 ② 1 ③ 2

④ 3 ⑤ 4

16

최고차항의 계수가 1인 이차함수 $f(x)$와 함수

$$g(x)=\begin{cases} -1 & (x \le 0) \\ -x+1 & (0 < x < 2) \\ 1 & (x \ge 2) \end{cases}$$

에 대하여 함수 $f(x)g(x)$가 실수 전체의 집합에서 연속이다. $f(10)$의 값은? [4점]

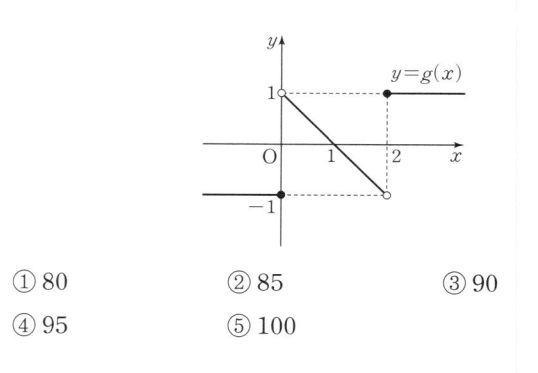

① 80 ② 85 ③ 90

④ 95 ⑤ 100

17

두 함수 $y=f(x)$, $y=g(x)$에 대하여

$$\lim_{x \to 1} \frac{f(x)-x}{x-1}=0, \ \lim_{x \to 1} \frac{x^2-1}{g(x)-4}=2$$

일 때, 함수 $y=h(x)$가 $x>1$인 실수 x에 대하여

$$(3x^2-7)f(x) \le h(x) \le (x^2-2x)g(x)$$

를 만족시킨다. $\lim\limits_{x \to 1+} h(x)$의 값은? [4점]

① -4 　　② -3 　　③ -2

④ -1 　　⑤ 0

18

다항함수 $f(x)$가

$$\lim_{x \to 0+} \frac{x^3 f\left(\frac{1}{x}\right)-1}{x^3+x}=5, \ \lim_{x \to 1} \frac{f(x)}{x^2+x-2}=\frac{1}{3}$$

을 만족시킬 때, $f(2)$의 값은? [4점]

① 6 　　② 7 　　③ 8

④ 9 　　⑤ 10

※ 다음은 서술형 문제입니다. 서술형 답안지에 풀이 과정과 답을 정확하게 서술하시오.

서술형 주관식

19

모든 실수 x에 대하여 연속인 함수 $y=f(x)$가

$$(x+1)f(x)=x^2+4x+3$$

을 만족시킬 때, $f(-1)$의 값을 구하시오. [6점]

20

미분가능한 함수 $f(x)$가 모든 실수 x, y에 대하여

$f(x+y)=f(x)+f(y)-xy$를 만족시키고 $f'(0)=3$일 때,

$f'(x)$를 구하시오. [6점]

21

함수 $f(x)=|x^2-1|$에 대하여 $x=1$에서의 연속성과 미분가능성을 조사하시오. (단, 미분가능성은 미분계수의 정의를 이용하여 보이시오.) [6점]

22

그림과 같이 곡선 $y=x^3-2x+1$ 위의 점 $P(1, 0)$에서의 접선이 곡선과 다시 만나는 점을 Q라 할 때, 삼각형 OPQ의 넓이를 구하시오.

(단, O는 원점이다.) [8점]

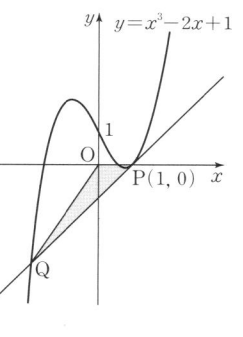

23

▶유튜브 강의

모든 실수 x에서 연속인 함수 $y=f(x)$가
$$(x+1)f(x)=x^3+ax+b, \quad f(-1)=4$$
를 만족시킨다. 닫힌구간 $[-1, 1]$에서 함수 $y=f(x)$의 최댓값을 M, 최솟값을 m이라 할 때, Mm의 값을 구하시오.

(단, a, b는 상수이다.) [8점]

수 학 II

범위: 함수의 극한 ～ 접선의 방정식

| 대상 | 2학년 | 고사일시 | 20 년 월 일 | 과목코드 | 05 | 시간 | 50분 | 점수 | /100점 |

• 답안지에 필요한 인적 사항을 정확히 기입할 것.
• 객관식 문제의 답안 표기는 OMR카드에 반드시 컴퓨터용 사인펜을 사용하여 기입할 것.
• 주관식 문제의 답안 표기는 반드시 검은색 펜을 사용할 것.

객관식

01

함수 $y=f(x)$의 그래프가 그림과 같을 때, $\lim\limits_{x\to 1-} f(x) - \lim\limits_{x\to 1+} f(x)$의 값은?

[3.3점]

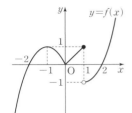

① -2 ② -1

③ 0 ④ 1

⑤ 2

02

$\lim\limits_{x\to 2+} \dfrac{|x-2|}{x-2}=\alpha$, $\lim\limits_{x\to 2-} \dfrac{|x-2|}{x-2}=\beta$라 할 때, $\alpha+\beta$의 값은?

(단, α, β는 실수이다.) [3.3점]

① -2 ② -1 ③ 0

④ 1 ⑤ 2

03

함수 $f(x)$에 대하여 $\lim\limits_{x\to 3} \dfrac{f(x-3)}{x^2-3x}=4$일 때, $\lim\limits_{x\to 0} \dfrac{f(x)}{x}$의 값은? [3.3점]

① 6 ② 8 ③ 10

④ 12 ⑤ 14

04

두 실수 a, b에 대하여 $\lim\limits_{x\to 1} \dfrac{\sqrt{x^2+a}-b}{x-1}=\dfrac{1}{2}$일 때, ab의 값은? [3.3점]

① 6 ② 7 ③ 8

④ 9 ⑤ 10

05

함수 $f(x) = \begin{cases} \dfrac{x^2+x-12}{x+4} & (x \neq -4) \\ a & (x=-4) \end{cases}$ 가 모든 실수 x에서

연속이 되도록 하는 상수 a의 값은? [3.3점]

① -9 ② -7 ③ -5

④ -3 ⑤ -1

06

함수 $f(x) = \begin{cases} x+2 & (x<1) \\ -x^2+4 & (x \geq 1) \end{cases}$ 가 닫힌구간 $[0, 3]$에서 최댓값

M과 최솟값 m을 가질 때, $M+m$의 값은? [3.3점]

① -2 ② -1 ③ 0

④ 1 ⑤ 2

07

이차함수 $f(x) = x^2+ax+b$에 대하여 닫힌구간 $[2, 4]$에서의

평균변화율이 3일 때, 미분계수 $f'(3)$의 값은?

(단, a, b는 상수이다.) [3.7점]

① 1 ② 2 ③ 3

④ 4 ⑤ 5

08

두 다항함수 $f(x)$, $g(x)$가

$$\lim_{x \to 3} \frac{f(x)-1}{x-3} = 2, \quad \lim_{x \to 3} \frac{g(x)-2}{x-3} = 1$$

을 만족시킬 때, 함수 $f(x)g(x)$의 $x=3$에서의 미분계수는?

[3.7점]

① 5 ② 6 ③ 7

④ 8 ⑤ 9

09

미분가능한 함수 $f(x)$에 대하여 $f(2)=1$, $f'(2)=-1$이고
함수 $g(x)=2x^2+xf(x)$라 할 때, $g'(2)$의 값은? [3.7점]

① 4   ② 5   ③ 6

④ 7   ⑤ 8

10

미분가능한 함수 $f(x)$가 모든 실수 x, y에 대하여
$$f(x-y)=f(x)-f(y)$$
를 만족시키고 $f'(2)=-2$일 때, $f'(0)$의 값은? [3.7점]

① -5 ② -4 ③ -3

④ -2 ⑤ -1

11

함수 $f(x)=x^4-2x^3+4$에 대하여 $g(x)=xf(x)$라 할 때,
$$\lim_{h \to 0}\frac{f(1+h)-g(1-h)}{3h}$$ 의 값은? [3.7점]

① $-\dfrac{1}{2}$ ② $-\dfrac{1}{3}$ ③ 0

④ $\dfrac{1}{3}$ ⑤ $\dfrac{1}{2}$

12

함수
$$f(x)=\begin{cases} ax+2 & (x<-1) \\ x^3+bx & (-1 \le x < 1) \\ -2x+c & (x \ge 1) \end{cases}$$
가 모든 실수 x에 대하여 미분가능하도록 세 상수 a, b, c의 값
을 정할 때, $f(-2)+f(-1)+f(2)$의 값은? [3.7점]

① -4 ② -2 ③ 0

④ 2   ⑤ 4

아름다운샘

13

곡선 $y=x^3-2x$에 접하는 직선이 점 $(0, 2)$를 지날 때, 이 접선과 원점 사이의 거리는? [4점]

① $\dfrac{\sqrt{2}}{2}$ ② 1 ③ $\sqrt{2}$

④ $\sqrt{3}$ ⑤ 2

14

곡선 $y=x^3+2x$ 위의 임의의 점 (a, a^3+2a)에서의 접선의 y절편을 $g(a)$라 할 때, $\displaystyle\lim_{a\to\infty}\dfrac{g(a+1)-g(a)}{3a^2}$의 값은?

[4점]

① -4 ② -2 ③ 0

④ 2 ⑤ 4

15

함수 $y=f(x)$의 그래프가 그림과 같을 때, 닫힌구간 $[0, 4]$에서 함수
$$g(x)=(x-1)f(x)$$
가 불연속이 되는 모든 x의 값의 합은? [4점]

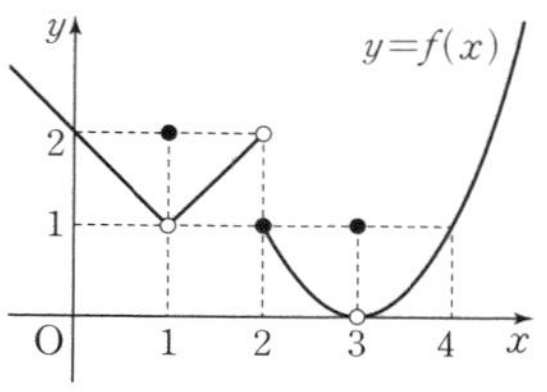

① 1 ② 3 ③ 5

④ 7 ⑤ 9

16

다항함수 $g(x)$에 대하여 극한값 $\displaystyle\lim_{x\to2}\dfrac{g(x)-2x}{x-2}$가 존재한다. 다항함수 $f(x)$가 $f(x)+x-2=(x-2)g(x)$를 만족시킬 때, $\displaystyle\lim_{x\to2}\dfrac{f(x)g(x)}{x^2-4}$의 값은? [4점]

① 0 ② 1 ③ 2

④ 3 ⑤ 4

17

다항함수 $f(x)$에 대하여 함수 $g(x)$를

$$g(x) = \begin{cases} \dfrac{f(x)-x^2}{x-1} & (x \neq 1) \\ k & (x=1) \end{cases}$$

로 정의하자. 함수 $g(x)$가 모든 실수 x에서 연속이고 $\lim\limits_{x \to \infty} g(x) = 2$일 때, $k+f(4)$의 값은? (단, k는 상수이다.)

[4점]

① 20　　　　② 22　　　　③ 24

④ 26　　　　⑤ 28

18

함수 $f(x)$가

$$f(x) = \begin{cases} -x+1 & (x \leq -1) \\ 1 & (-1 < x \leq 1) \\ x-1 & (x > 1) \end{cases}$$

이고 최고차항의 계수가 1인 삼차함수 $g(x)$가 다음 조건을 만족시킨다.

(가) 함수 $f(x)g(x)$는 실수 전체의 집합에서 연속이다.

(나) 함수 $f(x)g(x+k)$가 실수 전체의 집합에서 연속이 되도록 하는 상수 k가 존재한다. (단, $k \neq 0$)

$g(0) < 0$일 때, $g(3)$의 값은? [4점]

① 36　　　　② 39　　　　③ 42

④ 45　　　　⑤ 48

※ 다음은 서술형 문제입니다. 서술형 답안지에 풀이 과정과 답을 정확하게 서술하시오.

서술형 주관식

19

다항함수 $f(x)$에 대하여

$$\lim_{x \to 3} \frac{f(x)-1}{x-3} = 2$$

일 때, $\lim\limits_{h \to 0} \dfrac{f(3+h)-f(3-h)}{h}$ 의 값을 구하시오. [6점]

20

삼차함수 $f(x) = x^3 + ax^2 + 9x + 4$의 그래프 위의 점 $(1, f(1))$에서의 접선의 방정식이 $y = 2x + b$이다. 두 상수 a, b에 대하여 $a+b$의 값을 구하시오. [6점]

21

도함수의 정의를 이용하여 함수 $f(x)=x^n (n$은 양의 정수$)$의 도함수를 구하고 그 과정을 자세히 서술하시오. [6점]

22

이차함수 $f(x)$가 모든 실수 x에 대하여 다음 조건을 만족시킬 때, $f(2)$의 값을 구하시오. [8점]

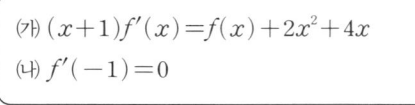

(가) $(x+1)f'(x)=f(x)+2x^2+4x$
(나) $f'(-1)=0$

23

▶유튜브강의

그림과 같이 좌표평면에서 곡선 $y=\sqrt{3x}$ 위의 점 $P(t, \sqrt{3t})$가 있다. 원점 O를 중심으로 하고 선분 OP를 반지름으로 하는 원을 C, 점 P에서의 원 C의 접선이 x축과 만나는 점을 Q라 하자. 원 C의 넓이를 $S(t)$라 할 때, $\displaystyle\lim_{t \to 0+} \frac{S(t)}{\overline{OQ}-\overline{PQ}}$의 값을 구하시오.

(단, $t>0$) [8점]

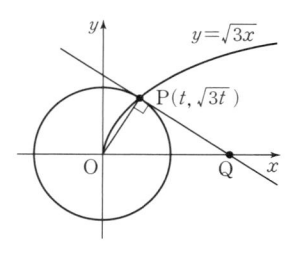

수 학 II

범위: 함수의 극한 ~ 접선의 방정식

| 대상 | 2학년 | 고사일시 | 20 년 월 일 | 과목코드 | 06 | 시간 | 50분 | 점수 | /100점 |

- 답안지에 필요한 인적 사항을 정확히 기입할 것.
- 객관식 문제의 답안 표기는 OMR카드에 반드시 컴퓨터용 사인펜을 사용하여 기입할 것.
- 주관식 문제의 답안 표기는 반드시 검은색 펜을 사용할 것.

객관식

01

함수 $f(x) = \begin{cases} -x|x| & (x<0) \\ \sqrt{2x+1} & (x \geq 0) \end{cases}$ 에서

$\lim\limits_{x \to 0-} f(x) + \lim\limits_{x \to 0+} f(x)$의 값은? [3.3점]

① 1 ② 2 ③ 3
④ 4 ⑤ 5

02

$\lim\limits_{x \to \infty} (\sqrt{x^2 - x} - \sqrt{x^2 + x})$의 값은? [3.3점]

① -2 ② -1 ③ 0
④ 1 ⑤ 2

03

다항함수 $f(x)$에 대하여

$$\lim_{x \to 0} \frac{f(x)}{x} = \lim_{x \to 3} \frac{f(x)}{x-3} = 6$$

일 때, $\lim\limits_{x \to 3} \dfrac{f(f(x))}{x^2 - 9}$의 값은? [3.3점]

① -2 ② 0 ③ 2
④ 4 ⑤ 6

04

$\lim\limits_{x \to 1} \dfrac{x^3 - ax + b}{(x-1)^2} = c$를 만족시키는 세 상수 a, b, c에 대하여 $a+b+c$의 값은? [3.3점]

① 2 ② 4 ③ 6
④ 8 ⑤ 10

05

함수 $f(x) = \begin{cases} x+a & (1 < x < 3) \\ x^2 + bx + 2 & (x \leq 1 \text{ 또는 } x \geq 3) \end{cases}$ 가 모든 실수

x에서 연속일 때, $a+b$의 값은? (단, a, b는 상수이다.) [3.3점]

① -1 ② -2 ③ -3

④ -4 ⑤ -5

06

〈보기〉의 함수 중에서 $x=1$에서 연속인 것만을 있는 대로 고른 것은? [3.3점]

┤ 보기 ├
ㄱ. $f(x) = 3x$ ㄴ. $f(x) = |x-1|$

ㄷ. $f(x) = \sqrt{x-2}$ ㄹ. $f(x) = \begin{cases} \dfrac{x^2-1}{x-1} & (x \neq 1) \\ 2 & (x=1) \end{cases}$

① ㄱ, ㄴ   ② ㄱ, ㄹ   ③ ㄴ, ㄷ

④ ㄱ, ㄴ, ㄹ   ⑤ ㄱ, ㄷ, ㄹ

07

다항함수 $f(x)$에 대하여 $f(1)=4$, $f'(1)=2$일 때,

$\displaystyle \lim_{x \to 1} \frac{x^2 f(1) - f(x^2)}{x-1}$의 값은? [3.7점]

① -4 ② -2 ③ 0

④ 2 ⑤ 4

08

다항함수 $f(x)$가 $\displaystyle \lim_{h \to 0} \frac{f(3+h)-2}{h} = a$를 만족시키고,

곡선 $y=f(x)$ 위의 점 $(3, 2)$에서의 접선의 기울기가 $\dfrac{1}{3}$일 때,

상수 a의 값은? [3.7점]

① $\dfrac{1}{3}$ ② $\dfrac{2}{3}$ ③ 1

④ $\dfrac{4}{3}$ ⑤ $\dfrac{5}{3}$

09

함수 $f(x)=x^{100}+x^{98}+x^{96}+\cdots+x^4+x^2$에 대하여 $f'(-1)$의 값은? [3.7점]

① -2555 　　② -2550 　　③ -2545

④ 2550 　　⑤ 2555

11

함수

$$f(x)=\begin{cases} x^3+a & (x\le 2) \\ (x-a)^2-8b & (x>2) \end{cases}$$

가 모든 실수에서 미분가능할 때, 두 상수 a, b에 대하여 $a+b$의 값은? [3.7점]

① -2 　　② -1 　　③ 0

④ 1 　　⑤ 2

10

곡선 $y=x^3+ax^2+b$ 위의 점 $(1,\,4)$에서의 접선의 기울기가 6일 때, 두 상수 a, b에 대하여 $a+2b$의 값은? [3.7점]

① $\dfrac{9}{2}$ 　　② $\dfrac{7}{2}$ 　　③ $\dfrac{5}{2}$

④ $\dfrac{3}{2}$ 　　⑤ $\dfrac{1}{2}$

12

실수 전체의 집합에서 정의된 함수 $y=f(x)$의 그래프가 그림과 같다.

$$\lim_{t\to\infty}f\left(\frac{t-1}{t+1}\right)+\lim_{t\to-\infty}f\left(\frac{4t-1}{t+1}\right)$$

의 값은? [3.7점]

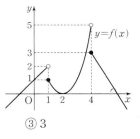

① 1 　　② 2 　　③ 3

④ 4 　　⑤ 5

13

$\lim\limits_{x \to 1} \dfrac{x^9 - 3x^3 + 10x - 8}{x - 1}$ 의 값은? [4점]

① 6   ② 8   ③ 10

④ 12   ⑤ 14

14

점 $(0, 3)$에서 곡선 $y = -3x^2$에 그은 두 접선과 x축으로 둘러싸인 삼각형의 넓이는? [4점]

① $\dfrac{1}{2}$ ② $\dfrac{3}{2}$ ③ $\dfrac{5}{2}$

④ $\dfrac{7}{2}$ ⑤ $\dfrac{9}{2}$

15

함수 $f(x)$는 모든 실수 x에 대하여 $f(x+2) = f(x)$를 만족시키고

$$f(x) = \begin{cases} ax - 2 & (-1 \le x < 0) \\ 3x^2 + 2ax + b & (0 \le x < 1) \end{cases}$$

이다. 함수 $f(x)$가 실수 전체의 집합에서 연속일 때, 두 상수 a, b에 대하여 $a + b$의 값은? [4점]

① -5 ② -4 ③ -3

④ -2 ⑤ -1

16

▶ 유튜브 강의

다항함수 $y = f(x)$가 다음 조건을 만족시킬 때, 방정식 $f(x) = 0$이 닫힌구간 $[0, 4]$에서 적어도 몇 개의 실근을 갖는지 구하면? [4점]

(가) $\lim\limits_{x \to 0} \dfrac{f(x)}{x} = 1$	(나) $\lim\limits_{x \to 3} \dfrac{f(x)}{x-3} = 3$

① 1   ② 2   ③ 3

④ 4   ⑤ 5

아름다운샘

17

 ▶유튜브 강의

함수 $y=f(x)$의 그래프가 그림과 같을 때, 〈보기〉의 함수 중에서 $x=0$에서 미분가능한 것만을 있는 대로 고른 것은? [4점]

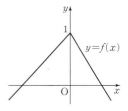

┤ 보기 ├

ㄱ. $y=x+f(x)$

ㄴ. $y=xf(x)$

ㄷ. $y=\dfrac{1}{1+xf(x)}$

① ㄱ   ② ㄴ   ③ ㄱ, ㄷ

④ ㄴ, ㄷ   ⑤ ㄱ, ㄴ, ㄷ

18

 ▶유튜브 강의

두 함수

$$f(x)=\begin{cases} x^2 & (x<1) \\ x+1 & (1\leq x<3) \\ x^2-4x+5 & (x\geq 3)\end{cases}, \ g(x)=x^2+ax+b$$

에 대하여 함수 $f(x)g(x)$가 모든 실수 x에서 연속일 때, $b-a$의 값은? (단, a, b는 상수이다.) [4점]

① 7   ② 9   ③ 11

④ 13   ⑤ 15

※ 다음은 서술형 문제입니다. 서술형 답안지에 풀이 과정과 답을 정확하게 서술하시오.

서술형 주관식

19

다항함수 $f(x)$에 대하여 $f'(3)=12$일 때,

$\displaystyle\lim_{h\to 0}\dfrac{f(3-h)-f(3)}{4h}$ 의 값을 구하시오. [6점]

20

미분가능한 함수 $f(x)$가 모든 실수 x, y에 대하여

$$f(x+y)=f(x)+f(y)+3xy-1$$

을 만족시키고 $f'(3)=8$일 때, $f'(9)$의 값을 구하시오. [6점]

아름다운샘

21

함수 $f(x)=ax^3+bx^2+cx+d$에 대하여 곡선 $y=f(x)$는 점 $(0, 1)$에서 직선 $y=x+1$에 접하고, 점 $(3, 4)$에서 직선 $y=-2x+10$에 접한다. $f(2)$의 값을 구하시오.

(단, a, b, c, d는 상수이다.) [6점]

22

▶ 유튜브 강의

두 다항함수 $f(x), g(x)$가 다음 조건을 만족시킨다.

> (가) $g(x)=x^3f(x)-7$
>
> (나) $\lim_{x \to 2} \dfrac{f(x)-g(x)}{x-2}=2$

곡선 $y=g(x)$ 위의 점 $(2, g(2))$에서의 접선의 방정식을 구하시오. [8점]

23

▶ 유튜브 강의

x가 양수일 때, x보다 작은 자연수 중에서 소수의 개수를 $f(x)$라 하고, 함수 $g(x)$를

$$g(x)=\begin{cases} f(x) & (x>2f(x)) \\ \dfrac{1}{f(x)} & (x \le 2f(x)) \end{cases}$$

이라고 하자. 예를 들어 $f\left(\dfrac{7}{2}\right)=2$이고 $\dfrac{7}{2}<2f\left(\dfrac{7}{2}\right)$이므로 $g\left(\dfrac{7}{2}\right)=\dfrac{1}{2}$이다. $\lim_{x \to 7+} g(x)=\alpha$, $\lim_{x \to 7-} g(x)=\beta$라 할 때, $\dfrac{\beta}{\alpha}$의 값을 구하시오. [8점]

수 학 II

범위: 함수의 극한 ~ 접선의 방정식

대상	2학년	고사일시	20 년 월 일	과목코드	07	시간	50분	점수	/100점

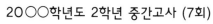

• 답안지에 필요한 인적 사항을 정확히 기입할 것.
• 객관식 문제의 답안 표기는 OMR카드에 반드시 컴퓨터용 사인펜을 사용하여 기입할 것.
• 주관식 문제의 답안 표기는 반드시 검은색 펜을 사용할 것.

객관식

01

$\lim\limits_{x \to -2} \dfrac{x^2 + 5x + 6}{x^2 + 3x + 2}$ 의 값은? [3.3점]

① -1　　　　② 0　　　　③ 1

④ 2　　　　⑤ 3

02

함수 $f(x) = x^3 + ax^2 + bx + 5$에 대하여 $f'(1) = 4$, $f'(-1) = 0$일 때, $a + b$의 값은? (단, a, b는 상수이다.)

[3.3점]

① -4　　　　② -2　　　　③ 0

④ 2　　　　⑤ 4

03

정의역이 $\{x \mid -2 \le x \le 2\}$인 함수 $y = f(x)$의 그래프는 그림과 같다.

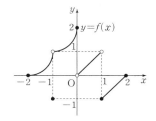

$\lim\limits_{x \to -1^-} f(x) + \lim\limits_{x \to 2^+} f(x-1)$의 값은? [3.3점]

① -2　　　　② -1　　　　③ 0

④ 1　　　　⑤ 2

04

두 극한값 $A = \lim\limits_{x \to 0^+} \dfrac{4 - x^2}{2 + |x|}$, $B = \lim\limits_{x \to 0^-} \dfrac{4 - x^2}{2 + |x|}$에 대하여 $A + B$의 값은? [3.3점]

① -4　　　　② -2　　　　③ 0

④ 2　　　　⑤ 4

05

함수 $f(x) = \begin{cases} \dfrac{x^2 + ax - 2}{x - 2} & (x \neq 2) \\ b & (x = 2) \end{cases}$ 가 실수 전체의 집합에서

연속일 때, 두 상수 a, b에 대하여 $a + b$의 값은? [3.3점]

① 1   ② 2   ③ 3
④ 4   ⑤ 5

06

두 함수 $f(x) = 4x - 3$, $g(x) = x^2 + 2kx - 4k + 5$에 대하여

함수 $\dfrac{f(x)}{g(x)}$가 모든 실수 x에 대하여 연속이 되도록 하는 정수 k의

개수는? [3.3점]

① 2   ② 3   ③ 4
④ 5   ⑤ 6

07

〈보기〉의 함수 중에서 $x = 0$에서 연속인 것만을 있는 대로 고른
것은? [3.7점]

┤ 보기 ├

ㄱ. $f(x) = x|x|$ ㄴ. $g(x) = x - |x|$

ㄷ. $h(x) = \begin{cases} \dfrac{x^2}{|x|} & (x \neq 0) \\ 1 & (x = 0) \end{cases}$ ㄹ. $k(x) = \begin{cases} \dfrac{1}{x} & (x \neq 0) \\ 0 & (x = 0) \end{cases}$

① ㄱ   ② ㄷ   ③ ㄱ, ㄴ
④ ㄴ, ㄹ   ⑤ ㄱ, ㄴ, ㄹ

08

함수 $f(x) = x^2 - 3x + 4$에 대하여

$\lim\limits_{h \to 0} \dfrac{f(a+h) - f(a-h)}{h} = 18$을 만족시키는 상수 a의 값은?

[3.7점]

① 5   ② 6   ③ 7
④ 8   ⑤ 9

09

다항함수 $f(x)$에 대하여 $f(1)=5$, $f'(1)=7$일 때,

$\lim\limits_{x \to 1} \dfrac{xf(1)-f(x)}{x-1}$ 의 값은? [3.7점]

① -4　　　　② -2　　　　③ 1

④ 2　　　　⑤ 4

10

함수 $f(x)=\begin{cases} x^2+3 & (x \leq 3) \\ -\dfrac{1}{2}(x-a)^2+b & (x>3) \end{cases}$ 가 모든 실수에서

미분가능할 때, $f(5)$의 값은? (단, a, b는 상수이다.) [3.7점]

① 14　　　　② 16　　　　③ 18

④ 20　　　　⑤ 22

11

곡선 $y=\dfrac{1}{3}x^3+ax+b$ 위의 점 $(1, 1)$에서의 접선이

점 $(-2, 7)$을 지날 때, $2a+3b$의 값은? (단, a, b는 상수이다.)

[3.7점]

① -3　　　　② -1　　　　③ 3

④ 5　　　　⑤ 11

12

점 $(1, 3)$에서 곡선 $y=x^3-2x$에 그은 접선의 x절편을 a, y절편을 b라 할 때, ab의 값은? [3.7점]

① -4　　　　② -2　　　　③ 2

④ 4　　　　⑤ 6

아름다운샘

13

두 상수 a, b에 대하여

$$\lim_{x \to \infty} \{\sqrt{x^2+2x+3} - (ax-1)\} = b$$

일 때, $a+b$의 값은? (단, $a > 0$) [4점]

① 1   ② 2   ③ 3

④ 4   ⑤ 5

14

곡선 $y = \sqrt{x}$ 위의 점 $(t, \sqrt{t})$에서 점 $(1, 0)$까지의 거리를 d_1, 점 $(2, 0)$까지의 거리를 d_2라 할 때, $\lim_{t \to \infty}(d_1 - d_2)$의 값은?

[4점]

① 1   ② $\dfrac{1}{2}$ ③ $\dfrac{1}{4}$

④ $\dfrac{1}{8}$ ⑤ $\dfrac{1}{16}$

15

그림은 두 함수 $y = f(x)$, $y = x$의 그래프이다. $0 < a < b$일 때, 〈보기〉에서 옳은 것만을 있는 대로 고른 것은?

[4점]

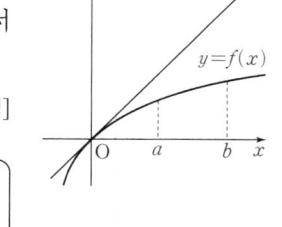

┤ 보기 ├

ㄱ. $bf(a) - af(b) > 0$

ㄴ. $f(b) - f(a) < b - a$

ㄷ. $f'(a) < f'(b)$

① ㄱ   ② ㄴ   ③ ㄷ

④ ㄱ, ㄴ   ⑤ ㄴ, ㄷ

16

두 다항함수 $f(x), g(x)$가 다음 조건을 만족시킬 때, $f'(0)$의 값은? [4점]

(가) $f(0) = 1$, $g(0) = 4$, $g'(0) = 24$

(나) $\lim_{x \to 0} \dfrac{f(x)g(x) - 4}{x} = 0$

① -12 ② -10 ③ -8

④ -6 ⑤ -4

17

  ▶유튜브 강의

$x=a$에서 두 함수 $f(x)=\dfrac{x^3+2x+1}{x^2-1}$, $g(x)=x+4$는 연속

이지만 합성함수 $(f\circ g)(x)$는 불연속이 되도록 하는 모든 상수 a의 값의 합은? [4점]

① -10 ② -8 ③ -6

④ -4 ⑤ -2

18

  ▶유튜브 강의

다항식 x^3-2ax^2+bx-1을 $(x-1)^2$으로 나눈 나머지가

$2x-1$일 때, 다항식 $3x^2-4ax+b$를 $x-1$로 나눈 나머지는?

(단, a, b는 상수이다.) [4점]

① -2 ② -1 ③ 0

④ 1 ⑤ 2

※ 다음은 서술형 문제입니다. 서술형 답안지에 풀이 과정과 답을 정확하게 서술하시오.

서술형 주관식

19

함수 $f(x)=x^2+x+3$에 대하여 $\displaystyle\lim_{h\to 0}\dfrac{f(2+2h)-f(2)}{h}$의

값을 구하시오. [6점]

20

두 다항함수 $f(x)$, $g(x)$에 대하여

$$\lim_{x\to -2}\frac{f(x)}{x+2}=3, \quad \lim_{x\to 0}\frac{g(x-2)}{x}=2$$

가 성립할 때, $\displaystyle\lim_{x\to -2}\dfrac{g(x)}{4f(x)}$의 값을 구하시오. [6점]

아름다운샘

21

다항함수 $f(x)$가 임의의 실수 x에 대하여 $f(3x)=3f(x)$를 만족시키고 $f'(1)=a$일 때, $f'(3)$의 값을 미분계수의 정의를 이용하여 구하시오. [6점]

23

그림과 같이 함수 $f(x)=x^2$의 그래프 위의 두 점 $P(p, p^2)$, $Q(q, q^2)$ $(p>0, q<0)$과 원점 O를 잇는 삼각형 POQ에서 $\angle POQ=90°$일 때, 두 점 P, Q에서 각각 그은 두 접선이 만나는 점 R에 대하여 $\dfrac{\triangle POQ}{\triangle PRQ}$의 최댓값을 구하시오. [8점]

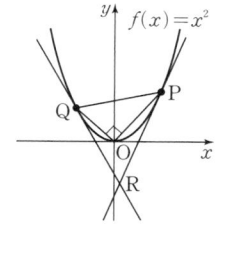

22

함수 $f(x)=\begin{cases} \dfrac{x^2+ax+b}{x-4} & (x\neq 4) \\ -2x+c & (x=4) \end{cases}$ 에 대하여

$f(x)$는 모든 실수 x에서 연속이다. $\lim\limits_{x\to\infty}\{f(x)-x\}=5$일 때, $f(3)+f(4)$의 값을 구하시오. (단, a, b, c는 상수이다.) [8점]

수 학 II

범위: 함수의 극한 ~ 접선의 방정식

| 대상 | 2학년 | 고사일시 | 20   년   월   일 | 과목코드 | 08 | 시간 | 50분 | 점수 | /100점 |

- 답안지에 필요한 인적 사항을 정확히 기입할 것.
- 객관식 문제의 답안 표기는 OMR카드에 반드시 컴퓨터용 사인펜을 사용하여 기입할 것.
- 주관식 문제의 답안 표기는 반드시 검은색 펜을 사용할 것.

객관식

01

$\lim\limits_{x \to -2} \dfrac{\sqrt{x^2-3}-1}{x+2}$ 의 값은? [3.3점]

① -1 　　② -2 　　③ -3

④ -4 　　⑤ -5

02

$\lim\limits_{x \to 1} \dfrac{x-1}{x^2+ax+b} = \dfrac{1}{6}$ 이 성립할 때, 두 상수 a, b에 대하여 $a-b$의 값은? [3.3점]

① 1 　　② 3 　　③ 5

④ 7 　　⑤ 9

03

함수 $f(x) = \begin{cases} x-4 & (x \geq 0) \\ -2 & (x < 0) \end{cases}$ 에 대하여

$\lim\limits_{x \to 0-} f(f(x)) - \lim\limits_{x \to 4+} f(f(x))$ 의 값은? [3.3점]

① -2 　　② -1 　　③ 0

④ 1 　　⑤ 2

04

두 상수 a, $b(a<b)$에 대하여 함수

$$f(x) = \begin{cases} x^2-2x-6 & (a<x<b) \\ -2x-2 & (x \leq a \text{ 또는 } x \geq b) \end{cases}$$

가 모든 실수 x에서 연속일 때, a^2+b^2의 값은? [3.3점]

① 2 　　② 5 　　③ 8

④ 10 　　⑤ 13

05

두 다항함수 $f(x)=x^2-4x+1$, $g(x)=x^2-ax+2a$에 대하여 함수 $h(x)=\dfrac{f(x)}{g(x)}$가 모든 실수에서 연속이 되도록 하는 실수 a의 값의 범위는? [3.3점]

① $-8<a<0$ 　② $0<a<8$ 　③ $0\leq a\leq 8$

④ $a\geq 0$ 　⑤ $a>8$

06

함수 $f(x)=x^3+x-2$에 대하여 x의 값이 1에서 a까지 변할 때의 평균변화율이 8일 때, 상수 a의 값은? (단, $a>1$) [3.3점]

① 2 　　② 3 　　③ 4

④ 5 　　⑤ 6

07

다항함수 $y=f(x)$의 그래프가 그림과 같을 때, 다음 값 중에서 가장 큰 것은? [3.7점]

① $f'(a)$

② $f'(b)$

③ $f'(c)$

④ 닫힌구간 $[a, b]$에서 함수 $y=f(x)$의 평균변화율

⑤ 닫힌구간 $[b, c]$에서 함수 $y=f(x)$의 평균변화율

08

함수 $f(x)=x^2-x+2$에 대하여 $\displaystyle\lim_{x\to 3}\dfrac{f(x)-f(3)}{x^2-9}$의 값은?

[3.7점]

① $\dfrac{1}{2}$ 　　② $\dfrac{2}{3}$ 　　③ $\dfrac{5}{6}$

④ 1 　　⑤ 2

09

모든 실수 x에 대하여 미분가능한 함수 $y=f(x)$가
$(x-1)f(x)=x^3-x^2+x-1$을 만족시킬 때, $f'(2)$의 값은?

[3.7점]

① 1   ② 2   ③ 3

④ 4   ⑤ 5

10

곡선 $y=2x^2+ax+b$가 점 $(1, 2)$를 지나고, 이 점에서의 접선의 기울기가 3일 때, 두 상수 a, b에 대하여 $a-b$의 값은?

[3.7점]

① -3 ② -2 ③ -1

④ 1   ⑤ 2

11

이차함수 $f(x)$가 $\lim\limits_{x \to -1} \dfrac{f(x)}{x+1}=1$, $\lim\limits_{x \to \infty} \dfrac{f(x)}{x^2-1}=2$를 만족시킬 때, $\lim\limits_{x \to \infty} f\left(\dfrac{1}{x}\right)$의 값은? [3.7점]

① -2 ② 0   ③ 3

④ 5   ⑤ 10

12

함수 $f(x)=\dfrac{[x]^2+3x}{[x]}$가 $x=n$에서 연속일 때, 자연수 n의 값은? (단, $[x]$는 x보다 크지 않은 최대의 정수이다.) [3.7점]

① 1   ② 2   ③ 3

④ 4   ⑤ 5

아름다운샘

13

$x=0$에서 미분가능한 함수만을 〈보기〉에서 있는 대로 고른 것은? (단, $[x]$는 x보다 크지 않은 최대의 정수이다.) [4점]

┤ 보기 ├

ㄱ. $f(x)=x+|x|$　　　ㄴ. $f(x)=\dfrac{|x|}{x}$

ㄷ. $f(x)=x|x|$　　　ㄹ. $f(x)=x[x]$

① ㄱ　　　　② ㄷ　　　　③ ㄹ

④ ㄱ, ㄷ　　　⑤ ㄴ, ㄹ

14

다항함수 $f(x)=x^3+ax^2+bx-3$에 대하여

$$\lim_{x \to 2}\frac{f(x)-15}{x-2}=21$$

일 때, $\displaystyle\lim_{h \to 0}\frac{f(1+h)-f(1-h)}{h}$ 의 값은?

(단, a, b는 상수이다.) [4점]

① 16　　　　② 17　　　　③ 18

④ 19　　　　⑤ 20

15

두 곡선 $f(x)=x^3+ax^2+bx$, $g(x)=x^2+cx$가 점 $(1, 0)$에서 접할 때, $f(-1)+g(3)$의 값은? (단, a, b, c는 상수이다.)

[4점]

① -4　　　　② -2　　　　③ 1

④ 2　　　　⑤ 4

16

그림과 같이 삼차함수 $y=f(x)$는

$$f(-1)=f(0)=f(2)=2$$

를 만족한다. 다음 〈보기〉 중 극한값이 존재하는 것을 모두 고른 것은?

[4점]

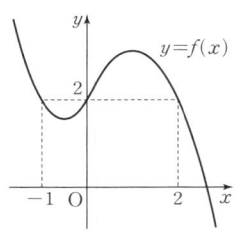

┤ 보기 ├

ㄱ. $\displaystyle\lim_{x \to 2}\frac{x-2}{f(x)-2}$

ㄴ. $\displaystyle\lim_{x \to 2}\frac{f(x)-2}{f(x-2)}$

ㄷ. $\displaystyle\lim_{x \to 2}\frac{f(x-2)}{x-2}$

① ㄱ　　　　② ㄷ　　　　③ ㄱ, ㄴ

④ ㄴ, ㄷ　　　⑤ ㄱ, ㄴ, ㄷ

17

 ▶ 유튜브 강의

곡선 $y=x^3$ 위의 점 $A(a,\,a^3)$에서의 접선이 y축과 만나는 점을 B라 하고, 점 A를 지나며 이 점에서의 접선에 수직인 직선이 y축과 만나는 점을 C라 하자. 삼각형 ABC의 넓이를 S라 할 때, $\lim\limits_{a\to 0} S$의 값은? [4점]

① $\dfrac{1}{6}$ ② $\dfrac{1}{3}$ ③ $\dfrac{1}{2}$

④ $\dfrac{2}{3}$ ⑤ $\dfrac{5}{6}$

18

▶ 유튜브 강의

최고차항의 계수가 1이 아닌 다항함수 $f(x)$가 다음 조건을 만족시킬 때, $f'(1)$의 값은? [4점]

> (가) $\lim\limits_{x\to\infty} \dfrac{\{f(x)\}^2 - f(x^2)}{x^3 f(x)} = 4$
>
> (나) $\lim\limits_{x\to 0} \dfrac{f'(x)}{x} = 4$

① 15   ② 16   ③ 17

④ 18   ⑤ 19

※ 다음은 서술형 문제입니다. 서술형 답안지에 풀이 과정과 답을 정확하게 서술하시오.

서술형 주관식

19

함수 $f(x)$에 대하여 $\lim\limits_{x\to 0} \dfrac{f(x)}{x} = 2$일 때, $\lim\limits_{x\to 0} \dfrac{2x}{x^2 + f(x)}$의 값을 구하시오. [6점]

20

실수 전체의 집합에서 연속인 함수 $f(x)$가
$$(x^2 - x)f(x) = 2x^3 - 5x^2 + 3x$$
를 만족시킬 때, $f(0)$의 값을 구하시오. [6점]

21

다항함수 $f(x)$에 대하여 $\lim\limits_{x \to 2} \dfrac{f(x+1)-6}{x^2-4}=4$일 때,
$f(3)+f'(3)$의 값을 구하시오. [6점]

22

▶유튜브 강의

$f(x)$는 사차 이상의 다항식이라고 한다. $f(x)$를 x^2-1로 나눈
나머지가 2이고, $f'(x)$를 $x-1$, $x+1$로 나눈 나머지가 각각
4, 0일 때, $f(x)$를 $(x^2-1)^2$으로 나눈 나머지를 구하시오.

[8점]

23

▶유튜브 강의

함수 $f(x)$는 구간 $(-1, 1]$에서
$$f(x)=(x-1)(2x-1)(x+1)$$
이고, 모든 실수 x에 대하여
$$f(x)=f(x+2)$$
이다. $a>1$에 대하여 함수 $g(x)$가
$$g(x)=\begin{cases} x & (x \neq 1) \\ a & (x=1) \end{cases}$$
일 때, 합성함수 $(f \circ g)(x)$가 $x=1$에서 연속이다. 상수 a의
최솟값을 구하시오. [8점]

수 학 Ⅱ

대상	2학년	고사일시	20 년 월 일	과목코드	09	시간	50분	점수	/100점

- 답안지에 필요한 인적 사항을 정확히 기입할 것.
- 객관식 문제의 답안 표기는 OMR카드에 반드시 컴퓨터용 사인펜을 사용하여 기입할 것.
- 주관식 문제의 답안 표기는 반드시 검은색 펜을 사용할 것.

객관식

01

정의역이 $\{x \mid -2 \leq x \leq 1\}$인 함수 $y=f(x)$의 그래프가 그림과 같을 때,

$$\lim_{x \to -2+} f(x) + \lim_{x \to -1+} f(x) + \lim_{x \to 0-} f(x) + \lim_{x \to 1-} f(x)$$

의 값은? [3.3점]

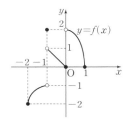

① -1　　　② 1　　　③ 3
④ 5　　　⑤ 7

02

함수 $f(x)$가 $\lim_{x \to 2}(x+2)f(x)=12$를 만족시킬 때,

$\lim_{x \to 2} \dfrac{f(x)}{x+1}$의 값은? [3.3점]

① -1　　　② 0　　　③ 1
④ 2　　　⑤ 3

03

$\lim_{x \to 0} \dfrac{1}{x} \left\{ \dfrac{1}{2} - \dfrac{1}{(x+\sqrt{2})^2} \right\}$의 값은? [3.3점]

① -2　　　② -1　　　③ $\dfrac{\sqrt{2}}{2}$
④ $\sqrt{2}$　　　⑤ $2\sqrt{3}$

04

함수 $y=f(x)$의 그래프가 그림과 같을 때, $0 \leq x \leq 6$에서 함수 $y=(x-a)f(x)$가 연속이 되도록 하는 상수 a의 값은? [3.3점]

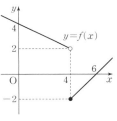

① 1　　　② 2　　　③ 3
④ 4　　　⑤ 5

05

함수 $y=x^2$에 대하여 x의 값이 1에서 3까지 변할 때의 평균변화율과 $x=a$에서의 미분계수가 같을 때, 상수 a의 값은?

[3.3점]

① $\dfrac{1}{2}$　　　　② 1　　　　③ $\dfrac{3}{2}$

④ 2　　　　⑤ $\dfrac{5}{2}$

06

미분가능한 함수 $f(x)$가

$$f(1)=0,\ \lim_{x\to 1}\frac{\{f(x)\}^2-2f(x)}{1-x}=10$$

을 만족할 때, $f'(1)$의 값은? [3.3점]

① 1　　　　② 2　　　　③ 3

④ 4　　　　⑤ 5

07

함수 $f(x)=x^2+3x$의 도함수 $f'(x)$에 대하여 $f'(1)+f'(2)+f'(3)+\cdots+f'(10)$의 값은? [3.7점]

① 138　　　　② 140　　　　③ 142

④ 144　　　　⑤ 146

08

곡선 $y=x^3-3x^2+4x+2$ 위의 점 $\mathrm{P}(x,\ y)$에서의 접선의 기울기가 최소일 때, 접선의 방정식은? [3.7점]

① $y=-x+1$　　② $y=-x+3$　　③ $y=x$

④ $y=x+1$　　⑤ $y=x+3$

09

곡선 $y=f(x)$ 위의 점 $(2, 1)$에서의 접선의 방정식이 $y=3x-5$이다. 곡선 $y=(x^3-2x)f(x)$ 위의 $x=2$인 점에서의 접선의 방정식을 $y=ax+b$라 할 때, $2a+b$의 값은?

(단, a, b는 상수이다.) [3.7점]

① 1　　　　② 2　　　　③ 3

④ 4　　　　⑤ 5

10

다항함수 $f(x)$가 다음 조건을 만족시킨다.

(가) $\displaystyle\lim_{x \to \infty} \frac{f(x)-x^2}{x}=-2$　　(나) $\displaystyle\lim_{x \to 1} x^2 f\left(\frac{1}{x}\right)=1$

$f(2)$의 값은? [3.7점]

① 1　　　　② 2　　　　③ 3

④ 4　　　　⑤ 5

11

모든 실수 x에서 연속인 함수 $f(x)$가
$$(x-1)f(x)=ax^2-bx, \quad f(1)=2$$
를 만족시킬 때, 두 상수 a, b에 대하여 ab의 값은? [3.7점]

① 2　　　　② 3　　　　③ 4

④ 5　　　　⑤ 6

12

〈보기〉의 함수 중에서 $x=1$에서 미분가능한 것만을 있는 대로 고른 것은? [3.7점]

보기
ㄱ. $f(x)=\lvert x^2-1\rvert$　　　　ㄴ. $f(x)=(x-1)\lvert x-1\rvert$
ㄷ. $f(x)=\dfrac{x^2-1}{\lvert x-1\rvert}$

① ㄱ　　　　② ㄴ　　　　③ ㄷ

④ ㄱ, ㄷ　　　　⑤ ㄴ, ㄷ

13

실수 전체의 집합을 R, 양의 실수 전체의 집합을 P라 할 때, 미분가능한 함수 $f : R \longrightarrow P$가 임의의 실수 x, y에 대하여

$$f(x+y)=2f(x)f(y)$$

를 만족시킨다. $f'(0)=4$일 때, $\dfrac{f'(3)}{f(3)}$의 값은? [4점]

① 4   ② 8   ③ 12

④ 16   ⑤ 20

14

함수 $f(x)$가 $f(x)=\begin{cases} \dfrac{x^2}{2}+x+\dfrac{3}{2} & (x<1) \\ -x^2+4x & (x\geq 1) \end{cases}$ 일 때, 옳은 것만을 〈보기〉에서 있는 대로 고른 것은? [4점]

┌─── 보 기 ───┐

ㄱ. $f(x)$는 $x=1$에서 연속이다.

ㄴ. $f(x)$는 $x=1$에서 미분가능하다.

ㄷ. $f(x)$의 도함수 $f'(x)$는 $x=1$에서 연속이다.

└─────────────┘

① ㄱ   ② ㄱ, ㄴ   ③ ㄱ, ㄷ

④ ㄴ, ㄷ   ⑤ ㄱ, ㄴ, ㄷ

15

$\displaystyle\lim_{x \to -1+} \dfrac{x^2+x}{|x^2-1|}=a$, $\displaystyle\lim_{x \to 3-} \dfrac{[x]^2+x}{[x]}=b$라 할 때, 두 상수 a, b에 대하여 $a+b$의 값은?

(단, $[x]$는 x보다 크지 않은 최대의 정수이다.) [4점]

① 1   ② 2   ③ 3

④ 4   ⑤ 5

16

▶ 유튜브 강의

1이 아닌 실수 a에 대하여 함수 $f(x)$가

$$f(x)=\begin{cases} -x-1 & (x\leq 0) \\ 2x-a & (x>0) \end{cases}$$

이다. 함수 $g(x)=f(x)f(x-1)$이 실수 전체의 집합에서 연속일 때, $g(3)$의 값은? [4점]

① 8   ② 9   ③ 10

④ 11   ⑤ 12

아름다운샘

17

 유튜브 강의

함수 $f(x)=x^2+5ax+b$에 대하여 $\lim\limits_{x \to 2}\dfrac{f(x+1)-8}{x^2-4}=6$일

때, $f(2)$의 값은? (단, a, b는 상수이다.) [4점]

① -15　　　　② -5　　　　③ 0

④ 5　　　　　⑤ 15

18

 유튜브 강의

닫힌구간 $[-1, 2]$에서 정의된 함수 $y=f(x)$의 그래프가 그림과 같다.

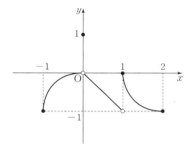

닫힌구간 $[-1, 2]$에서 두 함수 $g(x)$, $h(x)$를

$$g(x)=\dfrac{f(x)+|f(x)|}{2}, \ h(x)=\dfrac{f(x)-|f(x)|}{2}$$

로 정의할 때, 옳은 것만을 〈보기〉에서 있는 대로 고른 것은?

[4점]

┤ 보 기 ├

ㄱ. 함수 $h(x)$는 $x=1$에서 연속이다.

ㄴ. 함수 $(h \circ g)(x)$는 닫힌구간 $[-1, 2]$에서 연속이다.

ㄷ. $\lim\limits_{x \to 0}(g \circ h)(x)=(g \circ h)(0)$

① ㄴ　　　　　② ㄷ　　　　　③ ㄱ, ㄴ

④ ㄱ, ㄷ　　　　⑤ ㄴ, ㄷ

※ 다음은 서술형 문제입니다. 서술형 답안지에 풀이 과정과 답을 정확하게 서술하시오.

서술형 주관식

19

함수 $f(x)$가 임의의 양수 x에 대하여

$$\frac{3x}{x^2+2x+2}<f(x)<\frac{3x}{x^2+2x+1}$$

를 만족시킬 때, $\lim\limits_{x \to \infty}xf(x)$의 값을 구하시오. [6점]

20

함수 $f(x)=\begin{cases}\dfrac{\sqrt{x^2-x+2}-a}{x-2} & (x \neq 2) \\ b & (x=2)\end{cases}$ 가 실수 전체의 집합

에서 연속일 때, 두 상수 a, b에 대하여 ab의 값을 구하시오.

[6점]

아름다운샘

21

함수 $f(x)=ax^3+bx^2$이 다음 조건을 만족시킬 때, $f(-2)$의 값을 구하시오. (단, a, b는 상수이다.) [6점]

> (가) $\displaystyle\lim_{h\to 0}\frac{f(3+3h)-f(3)}{h}=-45$
>
> (나) $\displaystyle\lim_{h\to 0}\frac{f(1+h)-f(1-h)}{h}=2$

22

유튜브 강의

다항함수 $f(x)$는 모든 실수 x, y에 대하여

$$f(x+y)=f(x)+f(y)+2xy-1$$

을 만족시킨다. $\displaystyle\lim_{x\to 1}\frac{f(x)-f'(x)}{x^2-1}=24$일 때, $f'(0)$의 값을 구하시오. [8점]

23

유튜브 강의

양수 k에 대하여 곡선 $f(x)=x^2-2kx+k^2-1$이 y축과 만나는 점을 P, 직선 $x=2k$와 만나는 점을 Q라 하자. 두 점 P, Q에서 이 곡선에 그은 두 접선이 x축과 만나는 점을 각각 A, B라 할 때, 선분 AB의 길이의 최솟값을 구하시오. [8점]

- 답안지에 필요한 인적 사항을 정확히 기입할 것.
- 객관식 문제의 답안 표기는 OMR카드에 반드시 컴퓨터용 사인펜을 사용하여 기입할 것.
- 주관식 문제의 답안 표기는 반드시 검은색 펜을 사용할 것.

객관식

01

두 함수 $y=f(x)$, $y=g(x)$의 그래프가 각각 그림과 같을 때,

$$\lim_{x \to 0-} g(f(x)) - \lim_{x \to 0+} g(f(x)) + \lim_{x \to 0+} f(g(x))$$

의 값은? [3.3점]

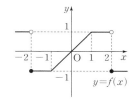
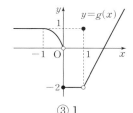

① 3 ② 2 ③ 1
④ −1 ⑤ −2

02

두 함수 $f(x)$, $g(x)$에 대하여 $\lim_{x \to \infty} f(x) = \infty$,

$\lim_{x \to \infty} \{f(x) - g(x)\} = 3$일 때, $\lim_{x \to \infty} \dfrac{f(x) - 4g(x)}{3f(x) + g(x)}$의 값은?

[3.3점]

① $-\dfrac{3}{4}$ ② $-\dfrac{2}{3}$ ③ $-\dfrac{1}{2}$

④ $\dfrac{3}{5}$ ⑤ $\dfrac{2}{3}$

03

두 함수 $f(x)$, $g(x)$가 $x=a$에서 연속일 때, 다음 함수 중 $x=a$에서 반드시 연속이라고 할 수 <u>없는</u> 것은? [3.3점]

① $\dfrac{f(x) - g(x)}{3}$ ② $\dfrac{f(x)}{f(x) + g(x)}$

③ $\{f(x)\}^2$ ④ $\{f(x) - g(x)\}^2$

⑤ $1 - 2f(x)$

04

함수 $f(x) = \begin{cases} x^2 - x + 3 & (|x| > 1) \\ -x^2 + ax + b & (|x| \le 1) \end{cases}$ 가 모든 실수 x에 대하

여 연속이 되도록 상수 a, b의 값을 정할 때, $a - b$의 값은?

[3.3점]

① −6 ② −3 ③ −1
④ 3 ⑤ 6

05

다항함수 $y=f(x)$에 대하여 $f(0)=f'(0)=9$일 때,

$\lim\limits_{h \to 0} \dfrac{f(2h)-9}{3h}$ 의 값은? [3.3점]

① 1　　　　② 2　　　　③ 3

④ 6　　　　⑤ 9

06

미분가능한 함수 $f(x)$가 모든 실수 x, y에 대하여

$f(x+y)=f(x)+f(y)+2xy-1$

을 만족시키고 $f'(2)=6$일 때, $f'(0)$의 값은? [3.3점]

① 0　　　　② 1　　　　③ 2

④ 3　　　　⑤ 4

07

함수 $f(x)=(3x-1)(2x^2+1)(kx+5)$에 대하여 $f'(1)=16$일 때, 상수 k의 값은? [3.7점]

① -3　　　　② -2　　　　③ -1

④ 0　　　　⑤ 1

08

$\lim\limits_{x \to k} \dfrac{[4x]}{[x]^2+3x}=\alpha$일 때, 두 정수 k, α에 대하여 $k+\alpha$의 값은? (단, $[x]$는 x보다 크지 않은 최대의 정수이다.) [3.7점]

① 0　　　　② $\dfrac{1}{2}$　　　　③ 1

④ $\dfrac{3}{2}$　　　　⑤ 2

09

$0 < x < 12$에서 함수 $y = \left[\dfrac{1}{3}x \right]$가 불연속이 되는 모든 x의 값의 합은? (단, $[x]$는 x보다 크지 않은 최대의 정수이다.) [3.7점]

① 10　　　　② 12　　　　③ 14

④ 16　　　　⑤ 18

10

실수 전체에서 연속인 함수 $f(x)$가 $f(-2) = -1$, $f(-1) = 2$, $f(0) = 0$, $f(1) = 1$, $f(2) = 3$, $f(3) = -3$일 때, $-2 \leq x \leq 3$에서 방정식 $f(x) = 0$은 적어도 몇 개의 실근을 갖는가? [3.7점]

① 1개　　　　② 2개　　　　③ 3개

④ 4개　　　　⑤ 5개

11

$\displaystyle\lim_{x \to 2} \dfrac{x^n + x - 66}{x - 2} = a$를 만족하는 두 양의 정수 a, n에 대하여 $a - n$의 값은? [3.7점]

① 185　　　　② 187　　　　③ 189

④ 191　　　　⑤ 193

12

점 $A(0, 3)$에서 곡선 $y = x^3 - 3x^2 + 2$에 두 개의 접선을 그을 때, 두 접점 사이의 거리는? [3.7점]

① $\dfrac{7}{8}$　　　　② $\dfrac{9}{8}$　　　　③ $\dfrac{11}{8}$

④ $\dfrac{13}{8}$　　　　⑤ $\dfrac{15}{8}$

아름다운 샘

13

다음 〈보기〉의 함수 중에서 $x=0$에서 미분가능하지 않은 것만을 있는 대로 고른 것은?

(단, $[x]$는 x보다 크지 않은 최대의 정수이다.) [4점]

보기

ㄱ. $f(x)=\begin{cases} x & (x\geq 0) \\ -x & (x<0) \end{cases}$

ㄴ. $f(x)=\begin{cases} (x+2)^2 & (x\geq 0) \\ 4x+4 & (x<0) \end{cases}$

ㄷ. $f(x)=[x]+1$

ㄹ. $f(x)=x^2|x|$

① ㄱ, ㄷ　② ㄴ, ㄹ　③ ㄷ, ㄹ
④ ㄱ, ㄷ, ㄹ　⑤ ㄴ, ㄷ, ㄹ

14

▶ 유튜브 강의

일차함수 $f(x)$가 다음 조건을 만족시킬 때, $f(-3)$의 값은? [4점]

(가) $f(-1)=6$
(나) 함수 $|x-2|f(x)$는 $x=2$에서 미분가능하다.

① 12　② 10　③ 8
④ 6　⑤ 4

15

두 다항함수 $f(x)$, $g(x)$에 대하여

$f(1)=1$, $g(1)=2$, $f'(1)=2$, $g'(1)=-1$

이고, 함수 $h(x)=f(x)\{g(x)+3\}$이다. 이때, 곡선 $y=h(x)$ 위의 점 $P(1, h(1))$에서의 접선의 y절편은? [4점]

① -1　② -2　③ -3
④ -4　⑤ -5

16

▶ 유튜브 강의

그림과 같이 직선 $y=2x+1$ 위에 점 $P(t, 2t+1)$이 있다. 점 P를 지나고 직선 $y=2x+1$에 수직인 직선이 x축과 만나는 점을 Q라 할 때, $\lim_{t\to\infty}\frac{\overline{OP}^2}{\overline{PQ}^2}$의 값은? (단, O는 원점이다.) [4점]

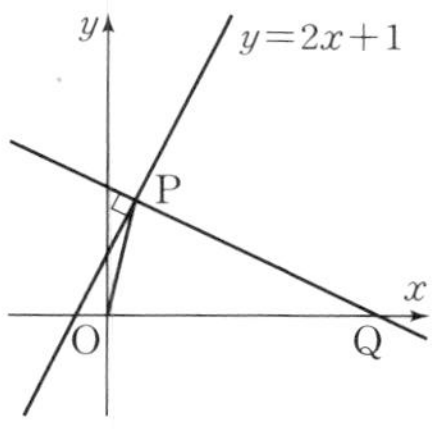

① 1　② $\frac{1}{2}$　③ $\frac{1}{3}$
④ $\frac{1}{4}$　⑤ $\frac{1}{5}$

17

함수 $f(x)$가 $f(x)=\begin{cases} x^2 & (x \neq 1) \\ 2 & (x=1) \end{cases}$ 일 때, 옳은 것만을 〈보기〉에서 있는 대로 고른 것은? [4점]

┤ 보기 ├

ㄱ. $\lim\limits_{x \to 1-} f(x) = \lim\limits_{x \to 1+} f(x)$

ㄴ. 함수 $g(x)=f(x-a)$가 실수 전체의 집합에서 연속이 되도록 하는 실수 a가 존재한다.

ㄷ. 함수 $h(x)=(x-1)f(x)$는 실수 전체의 집합에서 연속이다.

① ㄱ　　　　② ㄱ, ㄴ　　　　③ ㄱ, ㄷ

④ ㄴ, ㄷ　　　　⑤ ㄱ, ㄴ, ㄷ

18

▶ 유튜브 강의

치역이 양의 실수 전체의 집합인 함수 $f(x)$가 임의의 두 실수 x, y에 대하여

$$f(x+y)=2f(x)f(y)$$

를 만족시킨다. 함수 $y=f(x)$의 $x=0$에서의 접선의 기울기가 5일 때, $\dfrac{f'(x)}{2f(x)}$ 의 값은? [4점]

① 1　　　　② 5　　　　③ 10

④ 15　　　　⑤ 20

※ 다음은 서술형 문제입니다. 서술형 답안지에 풀이 과정과 답을 정확하게 서술하시오.

서술형 주관식

19

다항함수 $f(x)$에 대하여 $\lim\limits_{x \to 2} \dfrac{f(x+2)-10}{x^2-4}=3$일 때, $f(4)+f'(4)$의 값을 구하시오. [6점]

20

함수 $f(x)=ax^2+bx$가 다음 두 조건을 만족할 때, 두 상수 a, b에 대하여 a^2+b^2의 값을 구하시오. [6점]

(가) $\lim\limits_{x \to 1} \dfrac{f(x^2)-f(1)}{x-1}=2$

(나) $\lim\limits_{x \to 2} \dfrac{x-2}{f(x)-f(2)}=\dfrac{1}{3}$

아름다운샘

21

그림과 같이 점 $A(2, -2)$에서 곡선 $y = x^2 + 3$에 그은 두 접선의 접점을 각각 B, C라 할 때, 삼각형 ABC의 넓이를 구하시오. [6점]

22

▶ 유튜브 강의

다항함수 $f(x)$가 $\lim\limits_{x \to \infty} \dfrac{f(x) - x^3}{x^2} = -9$, $\lim\limits_{x \to 1} \dfrac{f(x)}{x-1} = -7$을 만족시킬 때, $\lim\limits_{x \to \infty} x f\left(\dfrac{1}{x}\right)$의 값을 구하시오. [8점]

23

▶ 유튜브 강의

다항함수 $f(x)$를 $x - 1$로 나누었을 때의 몫을 $g(x)$라 하고, 나머지를 r라 하자. $\lim\limits_{x \to 1} \dfrac{f(x) - 6}{x^2 - 1} = 2$일 때,

$\lim\limits_{x \to 1} \dfrac{\{f(x) - 6\} g(x)}{\sqrt{x} - 1}$의 값을 구하시오. [8점]

아름다운 샘

• 답안지에 필요한 인적 사항을 정확히 기입할 것.
• 객관식 문제의 답안 표기는 OMR카드에 반드시 컴퓨터용 사인펜을 사용하여 기입할 것.
• 주관식 문제의 답안 표기는 반드시 검은색 펜을 사용할 것.

객관식

01

함수 $f(x) = x^2 - 6x$에 대하여 닫힌구간 $[2, 4]$에서 롤의 정리를 만족시키는 실수 c의 값은? [4점]

① $\dfrac{3}{2}$ ② 2 ③ $\dfrac{5}{2}$

④ 3 ⑤ 4

02

함수 $f(x) = x^3 + x$에 대하여 닫힌구간 $[1, 4]$에서 평균값 정리를 만족시키는 상수 c의 값은? [4점]

① 2 ② $\sqrt{5}$ ③ $\sqrt{6}$

④ $\sqrt{7}$ ⑤ $2\sqrt{2}$

03

함수 $f(x) = x^2 - 3x - 1$에 대하여 닫힌구간 $[1, k]$에서 평균값 정리를 만족시키는 실수 c의 값이 3일 때, k의 값은? (단, $k > 3$) [4점]

① 4 ② 5 ③ 6

④ 7 ⑤ 8

04

함수 $f(x) = x^2 + ax + 2$에 대하여 닫힌구간 $[0, 3]$에서 롤의 정리를 만족시키는 실수 c의 값이 $\dfrac{3}{2}$이고, 닫힌구간 $[2, 4]$에서 평균값 정리를 만족시키는 실수 b가 존재할 때, $a + b$의 값은? (단, a는 상수이다.) [4점]

① -3 ② -1 ③ 0

④ 1 ⑤ 3

05

실수 전체의 집합에서 미분가능한 함수 $y=f(x)$에 대하여
$f(1)=2$, $f(4)=2$이다. 함수 $g(x)=(x^2+1)f(x)$라 할 때,
닫힌구간 $[1, 4]$에서 평균값 정리를 만족시키는 실수 c의 값에
대하여 $g'(c)$의 값은? [5점]

① 2   ② 4   ③ 6

④ 8   ⑤ 10

06

▶ 유튜브 강의

모든 실수 x에 대하여 미분가능한 함수 $f(x)$가 $\lim\limits_{x \to \infty} f'(x) = 12$
일 때, $\lim\limits_{x \to \infty} \{f(x+1) - f(x-1)\}$의 값은? [5점]

① 24   ② 26   ③ 28

④ 30   ⑤ 32

※ 다음은 서술형 문제입니다. 서술형 답안지에 풀이 과정과 답을 정확하게 서술하시오.

서술형 주관식

07

함수 $f(x) = -x^2 + 3x + 1$에 대하여 다음 물음에 답하시오.

(1) 닫힌구간 $[0, 3]$에서 롤의 정리를 만족시키는 상수 c를 구하
시오. [3점]

(2) 닫힌구간 $[1, 5]$에서 평균값 정리를 만족시키는 상수 c를 구
하시오. [3점]

08

▶ 유튜브 강의

함수 $f(x) = x^3 - 5x^2 + 7x - 3$에 대하여 닫힌구간 $[0, 3]$에서
$f(3) - f(0) = 3f'(c)$를 만족시키는 모든 실수 c의 값의 곱을
구하시오. [8점]

• 답안지에 필요한 인적 사항을 정확히 기입할 것.
• 객관식 문제의 답안 표기는 OMR카드에 반드시 컴퓨터용 사인펜을 사용하여 기입할 것.
• 주관식 문제의 답안 표기는 반드시 검은색 펜을 사용할 것.

객관식

01

다항함수 $y=f(x)$의 도함수 $y=f'(x)$의 그래프가 그림과 같을 때, 다음 중 옳은 것은? [4점]

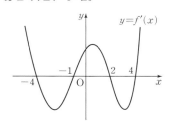

① $y=f(x)$는 구간 $(-\infty, -4)$에서 감소한다.
② $y=f(x)$는 구간 $(2, 4)$에서 증가한다.
③ $y=f(x)$는 구간 $(-4, -1)$에서 증가한다.
④ $y=f(x)$는 구간 $(4, \infty)$에서 감소한다.
⑤ $y=f(x)$는 구간 $(-1, 2)$에서 증가한다.

02

함수 $f(x)=x^3-6x^2-15x-1$이 감소하는 구간에 속하는 모든 정수 x의 값의 합은? [4점]

① 8   ② 10   ③ 12
④ 14   ⑤ 16

03

함수 $f(x)=-2x^3+3ax^2-6bx$가 증가하는 구간이 $[-1, 4]$일 때, 두 상수 a, b에 대하여 $a+b$의 값은? [4점]

① -2 ② -1 ③ 0
④ 1   ⑤ 2

04

삼차함수 $f(x)=-2x^3+ax^2-6x-1$이 임의의 두 실수 x_1, x_2에 대하여 $x_1<x_2$이면 $f(x_1)>f(x_2)$를 만족시킨다. 상수 a의 최댓값은? [4점]

① 4   ② 5   ③ 6
④ 7   ⑤ 8

아름다운 샘

05

실수 전체의 집합에서 정의된 함수 $f(x)=2x^3-x^2+kx+3$이 임의의 두 실수 x_1, x_2에 대하여 $x_1\neq x_2$이면 $f(x_1)\neq f(x_2)$를 만족시킬 때, 상수 k의 최솟값은? [5점]

① $\dfrac{1}{6}$　　　② $\dfrac{1}{5}$　　　③ $\dfrac{1}{4}$

④ $\dfrac{1}{3}$　　　⑤ $\dfrac{1}{2}$

06

함수 $f(x)=x^3-(a+2)x^2+ax$에 대하여 곡선 $y=f(x)$ 위의 점 $(t,\ f(t))$에서의 접선의 y절편을 $g(t)$라 하자.
함수 $y=g(t)$가 구간 $[0,\ 6]$에서 증가할 때, 실수 a의 값의 범위는? [5점]

① $a\geq 8$　　　② $8\leq a\leq 12$　　　③ $a\geq 12$

④ $12\leq a\leq 16$　　　⑤ $a\geq 16$

▶ 유튜브 강의

※ 다음은 서술형 문제입니다. 서술형 답안지에 풀이 과정과 답을 정확하게 서술하시오.

서술형 주관식

07

함수 $f(x)=x^3+ax^2+bx+1$이 $x<-1$ 또는 $x>2$에서 증가하고, $-1<x<2$에서 감소할 때, 두 상수 a, b에 대하여 ab의 값을 구하시오. [6점]

08

함수 $f(x)=x^3+3x^2+24|x-2a|+3$이 실수 전체의 집합에서 증가하도록 하는 실수 a의 최댓값을 구하시오. [8점]

▶ 유튜브 강의

대상	2학년	고사일시	20	년	월	일	과목코드	03	시간	20분	점수	/40점

• 답안지에 필요한 인적 사항을 정확히 기입할 것.
• 객관식 문제의 답안 표기는 OMR카드에 반드시 컴퓨터용 사인펜을 사용하여 기입할 것.
• 주관식 문제의 답안 표기는 반드시 검은색 펜을 사용할 것.

객관식

01

삼차함수 $f(x)=x^3-3x+2$의 극댓값을 M, 극솟값을 m이라 할 때, $M+m$의 값은? [4점]

① 1 　　② 2 　　③ 3
④ 4 　　⑤ 5

02

함수 $f(x)=x^3-3kx^2-9k^2x+2$의 극댓값과 극솟값의 차가 32일 때, 양수 k의 값은? [4점]

① 1 　　② 3 　　③ 5
④ 7 　　⑤ 9

03

함수 $f(x)=x^3+ax^2+ax+3$이 극댓값과 극솟값을 가질 때, 실수 a의 값의 범위는? [4점]

① $a<-3$ 　　　　② $a\le 1$
③ $0<a<3$ 　　　　④ $-1<a<3$
⑤ $a<0$ 또는 $a>3$

04

삼차함수 $f(x)=-x^3+ax^2-2ax+1$이 극값을 갖지 않기 위한 실수 a의 값의 범위는? [4점]

① $a\le 0$ 또는 $a\ge 5$ 　　② $0\le a\le 5$
③ $0\le a\le 6$ 　　　　　　④ $a\le 1$ 또는 $a\ge 6$
⑤ $1\le a\le 5$

05

▶ 유튜브 강의

함수 $y=|x^4-4x^3|$ 의 극대가 되는 점의 개수를 m, 극소가 되는 점의 개수를 n이라 할 때, $m-n$의 값은? [5점]

① -2 ② -1 ③ 0

④ 1 ⑤ 2

06

함수 $y=f(x)$의 도함수 $y=f'(x)$의 그래프가 그림과 같을 때, 〈보기〉에서 옳은 것만을 있는 대로 고른 것은? [5점]

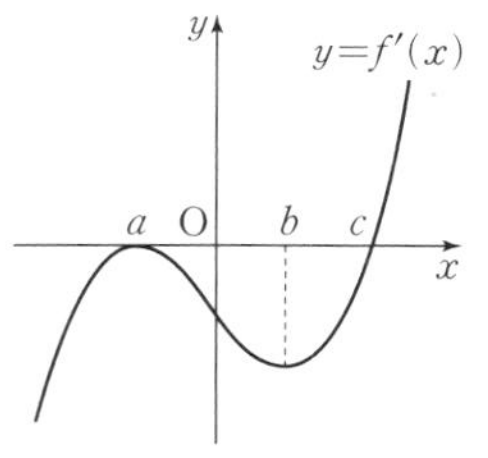

┤ 보기 ├
ㄱ. $x=a$에서 함수 $y=f(x)$는 극대이다.
ㄴ. $x=b$에서 함수 $y=f(x)$는 극대이다.
ㄷ. $x=c$에서 함수 $y=f(x)$는 극소이다.

① ㄱ   ② ㄷ   ③ ㄱ, ㄴ

④ ㄱ, ㄷ   ⑤ ㄴ, ㄷ

※ 다음은 서술형 문제입니다. 서술형 답안지에 풀이 과정과 답을 정확하게 서술하시오.

서술형 주관식

07

삼차함수 $f(x)=-x^3+ax^2+bx+3$이 $x=2$에서 극댓값, $x=0$에서 극솟값을 가질 때, $f(2)$의 값을 구하시오.

(단, a, b는 상수이다.) [6점]

08

▶ 유튜브 강의

삼차함수 $f(x)$에 대하여

$$\lim_{x\to 0}\frac{f(x)-5}{x}=12, \quad \lim_{x\to -2}\frac{f(x)-9}{x+2}=-24$$

가 성립하고 함수 $f(x)$는 $x=\alpha$에서 극댓값, $x=\beta$에서 극솟값을 갖는다고 할 때, $\alpha-\beta$의 값을 구하시오. [8점]

아름다운샘

• 답안지에 필요한 인적 사항을 정확히 기입할 것.
• 객관식 문제의 답안 표기는 OMR카드에 반드시 컴퓨터용 사인펜을 사용하여 기입할 것.
• 주관식 문제의 답안 표기는 반드시 검은색 펜을 사용할 것.

객관식

01

함수 $f(x)=x^3+ax^2+9x+b$가 $x=1$에서 극댓값 0을 가질 때, 함수 $f(x)$의 극솟값은? (단, a, b는 상수이다.) [4점]

① -4 ② -3 ③ -2
④ -1 ⑤ 0

02

함수 $f(x)=x^3+(a+1)x^2-2x$의 그래프에서 극대가 되는 점과 극소가 되는 점이 원점에 대하여 대칭일 때, 상수 a의 값은? [4점]

① -4 ② -3 ③ -2
④ -1 ⑤ 0

03

함수 $f(x)=3x^4-8x^3+6ax^2+7$이 극댓값과 극솟값을 모두 갖도록 하는 실수 a의 값의 범위는? [4점]

① $a<1$ ② $-1<a<2$
③ $0<a<3$ ④ $a<-1$ 또는 $a>1$
⑤ $a<0$ 또는 $0<a<1$

04

사차함수 $f(x)=3x^4-ax^3+6x^2+2$가 극값을 하나만 가질 때, 실수 a의 최댓값과 최솟값의 합은? [4점]

① -1 ② 0   ③ 1
④ 2   ⑤ 3

05

함수 $f(x)=x^3+ax^2+bx+c$에 대하여 도함수 $y=f'(x)$의 그래프가 그림과 같다. 함수 $f(x)$의 극솟값이 1일 때, $f(x)$의 극댓값은? (단, a, b, c는 상수이다.) [5점]

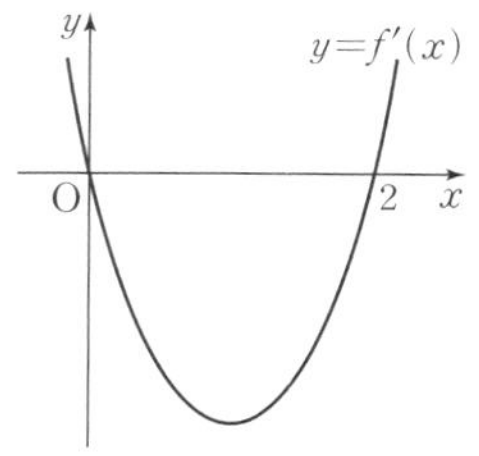

① 1　　　　　　② 2　　　　　　③ 3
④ 4　　　　　　⑤ 5

06

▶유튜브강의

함수 $f(x)=\dfrac{1}{3}x^3+kx^2+3kx+4$가 구간 $(-1, 1)$에서 극댓값과 극솟값을 모두 갖도록 하는 실수 k의 값의 범위는? [5점]

① $-\dfrac{1}{2}<k<0$　　② $-\dfrac{1}{3}<k<\dfrac{1}{2}$　　③ $-\dfrac{1}{5}<k<0$

④ $0<k<\dfrac{1}{5}$　　　⑤ $0<k<\dfrac{1}{3}$

※ 다음은 서술형 문제입니다. 서술형 답안지에 풀이 과정과 답을 정확하게 서술하시오.

서술형 주관식

07

함수 $f(x)=x^3+ax^2+bx+c$는 $x=-2$, $x=3$에서 극값을 갖고 극댓값이 16이다. 이때, 극솟값을 구하시오.
(단, a, b, c는 상수이다.) [6점]

08

▶유튜브강의

삼차함수 $f(x)=x^3+ax^2+bx+c$가 다음 세 조건을 만족시킨다.

┌─ 보기 ─┐

㈎ $y=f(x)$의 그래프는 점 $(1, 9)$를 지난다.
㈏ $f(x)$는 극댓값과 극솟값을 갖는다.
㈐ 극값을 갖는 두 점을 이은 직선의 기울기는 -1보다 크다.

a, b, c가 자연수일 때, abc의 최댓값을 구하시오. [8점]

고2 수학Ⅱ

정답 및 해설

01 $\lim\limits_{x \to -1+} f(x) = 2$, $\lim\limits_{x \to 0+} f(x) = 1$

$\therefore \lim\limits_{x \to -1+} f(x) + \lim\limits_{x \to 0+} f(x) = 3$

02 $x \to -1$일 때 (분모)$\to 0$이고, 극한값이 존재하므로 (분자)$\to 0$
이어야 한다.

즉, $\lim\limits_{x \to -1}(x^2 - ax - 5) = 1 + a - 5 = 0$에서

$a = 4$

$a = 4$를 주어진 식에 대입하면

$\lim\limits_{x \to -1} \dfrac{x^2 - 4x - 5}{x+1} = \lim\limits_{x \to -1} \dfrac{(x+1)(x-5)}{x+1}$

$\qquad = \lim\limits_{x \to -1}(x-5)$

$\qquad = -6 = b$

$\therefore a + b = 4 + (-6) = -2$

03 $x = -t$로 놓으면 $x \to -\infty$일 때, $t \to \infty$이므로

$\lim\limits_{x \to -\infty} \dfrac{x+1}{\sqrt{x^2+x}-x} = \lim\limits_{t \to \infty} \dfrac{-t+1}{\sqrt{t^2-t}+t}$

$\qquad = \lim\limits_{t \to \infty} \dfrac{-1 + \dfrac{1}{t}}{\sqrt{1 - \dfrac{1}{t}} + 1}$

$\qquad = -\dfrac{1}{2}$

04 $f(x) = (x-3)(x^3 + 2x^2 + 4)$에서

$f'(x) = (x-3)'(x^3 + 2x^2 + 4) + (x-3)(x^3 + 2x^2 + 4)'$

$\qquad = x^3 + 2x^2 + 4 + (x-3)(3x^2 + 4x)$

$\therefore f'(3) = 27 + 18 + 4 = 49$

> **핵심 포인트**
>
> 곱의 미분법
> 두 함수 f, g가 미분가능할 때,
> $$y = f(x)g(x) \implies y' = f'(x)g(x) + f(x)g'(x)$$

05 $x + 2 = t$로 놓으면 $x \to -2$일 때 $t \to 0$이므로

$\lim\limits_{x \to -2} \dfrac{f(x+2)}{x^2-4} = \lim\limits_{t \to 0} \dfrac{f(t)}{t(t-4)}$

$\qquad = \lim\limits_{t \to 0} \left\{ \dfrac{f(t)}{t} \times \dfrac{1}{t-4} \right\}$

$\qquad = 3 \times \left(-\dfrac{1}{4} \right) = -\dfrac{3}{4}$

06 ㄱ. $f(0)$이 정의되지 않으므로 $x = 0$에서 불연속이다.

ㄴ. $\lim\limits_{x \to 0+} f(x) = \lim\limits_{x \to 0+} [x-1] = -1$

$\quad \lim\limits_{x \to 0-} f(x) = \lim\limits_{x \to 0-} [x-1] = -2$

즉, $\lim\limits_{x \to 0} f(x)$가 존재하지 않으므로 $x = 0$에서 불연속이다.

ㄷ. $\lim\limits_{x \to 0+} f(x) = \lim\limits_{x \to 0+} \dfrac{x}{x} = 1$

$\quad \lim\limits_{x \to 0-} f(x) = \lim\limits_{x \to 0-} \dfrac{-x}{x} = -1$

즉, $\lim\limits_{x \to 0} f(x)$가 존재하지 않으므로 $x = 0$에서 불연속이다.

ㄹ. $f(0) = 0$, $\lim\limits_{x \to 0} f(x) = \lim\limits_{x \to 0} x(x+1) = 0$이므로

$\quad \lim\limits_{x \to 0} f(x) = f(0)$

즉, 함수 $y = f(x)$는 $x = 0$에서 연속이다.

따라서 $x = 0$에서 연속인 함수는 ㄹ뿐이다.

> **핵심 포인트**
>
> 함수의 연속의 정의
> 함수 $y = f(x)$가 $x = a$에서 연속이려면 다음 세 조건을 만족
> 시켜야 한다. (단, a는 실수이다.)
> (i) $x = a$에서 정의되어 있고
> (ii) $\lim\limits_{x \to a} f(x)$가 존재하며
> (iii) $\lim\limits_{x \to a} f(x) = f(a)$

07 $x \neq -2$, $x \neq 2$일 때,

$g(x) = \dfrac{f(x-2)}{x^2-4}$

함수 $g(x)$가 $x = 2$에서 연속이므로

$g(2) = \lim\limits_{x \to 2} g(x)$

$\qquad = \lim\limits_{x \to 2} \dfrac{f(x-2)}{x^2-4}$

$\qquad = \lim\limits_{x \to 2} \dfrac{f(x-2)}{x-2} \times \dfrac{1}{x+2}$

$\qquad = \dfrac{1}{2} \times \dfrac{1}{4} = \dfrac{1}{8}$

08 $f(4) = f'(4) = 1$이므로

$\lim\limits_{x \to 4} \dfrac{x^2 f(x) - 16}{x-4}$

$= \lim\limits_{x \to 4} \dfrac{x^2 f(x) - x^2 + x^2 - 16}{x-4}$

$= \lim\limits_{x \to 4} \dfrac{x^2 \{f(x) - 1\}}{x-4} + \lim\limits_{x \to 4} \dfrac{(x+4)(x-4)}{x-4}$

$= \lim\limits_{x \to 4} \dfrac{x^2 \{f(x) - f(4)\}}{x-4} + \lim\limits_{x \to 4}(x+4)$

$= 16 f'(4) + 8 = 24$

09 $\dfrac{1}{n} = h$로 놓으면 $n \to \infty$일 때 $h \to 0$이고,

$f'(1) = 5$이므로

$$\lim_{n \to \infty} 4n\left\{f\left(\frac{n+3}{n}\right) - f\left(\frac{n+2}{n}\right)\right\}$$

$$= \lim_{h \to 0} \frac{4}{h}\{f(1+3h) - f(1+2h)\}$$

$$= 4\lim_{h \to 0} \frac{f(1+3h) - f(1) - \{f(1+2h) - f(1)\}}{h}$$

$$= 4\lim_{h \to 0}\left\{\frac{f(1+3h) - f(1)}{3h} \times 3 - \frac{f(1+2h) - f(1)}{2h} \times 2\right\}$$

$$= 4\{3f'(1) - 2f'(1)\} = 4f'(1) = 4 \times 5 = 20$$

10 주어진 식에 $x=0$, $y=0$을 대입하면
$f(0) = f(0) + f(0)$에서 $f(0) = 0$이므로
$$f'(0) = \lim_{h \to 0} \frac{f(0+h) - f(0)}{h} = \lim_{h \to 0} \frac{f(h)}{h} = 1$$
$$\therefore f'(1) = \lim_{h \to 0} \frac{f(1+h) - f(1)}{h}$$
$$= \lim_{h \to 0} \frac{f(1) + f(h) - f(1)}{h}$$
$$= \lim_{h \to 0} \frac{f(h)}{h} = 1$$

11 $\displaystyle\lim_{h \to 0} \frac{f(2+h) - f(2-h)}{h}$

$$= \lim_{h \to 0} \frac{f(2+h) - f(2) - \{f(2-h) - f(2)\}}{h}$$

$$= \lim_{h \to 0} \frac{f(2+h) - f(2)}{h} + \lim_{h \to 0} \frac{f(2-h) - f(2)}{-h}$$

$$= f'(2) + f'(2) = 2f'(2)$$

이때,
$$f'(x) = (5x^2 - 1) + (10x^2 + 20x)$$
$$= 15x^2 + 20x - 1$$
이므로
$$f'(2) = 15 \times 4 + 20 \times 2 - 1 = 99$$
따라서 구하는 값은
$2 \times 99 = 198$

12 $f(x) = (2x+1)^3(x^2+a)$로 놓으면
$$f'(x) = 3(2x+1)^2 \times 2 \times (x^2+a) + (2x+1)^3 \times 2x$$
$$= 6(2x+1)^2(x^2+a) + 2x(2x+1)^3$$
$$= 2(2x+1)^2(5x^2 + x + 3a)$$
$x = -1$인 점에서의 접선의 기울기가 -16이므로
$$f'(-1) = 2(4 + 3a) = -16$$
$4 + 3a = -8$
$\therefore a = -4$

13 $f(x) = x^2 - 3x + 1$이라 하면 $f'(x) = 2x - 3$
점 $(2, -1)$에서의 접선의 기울기는
$$f'(2) = 4 - 3 = 1$$
이므로 이 접선에 수직인 직선의 기울기는 -1이다.
즉, 점 $(2, -1)$을 지나고 기울기가 -1인 직선의 방정식은
$y - (-1) = -(x-2)$ $\therefore y = -x + 1$
따라서 $a = -1$, $b = 1$이므로
$ab = -1$

14 $\displaystyle\lim_{x \to \infty} \frac{f(x) - x^2}{x} = 4$이므로
$f(x) - x^2$은 일차항의 계수가 4인 일차식이어야 한다.
즉, $f(x) - x^2 = 4x + a$ (a는 상수)로 놓으면
$f(x) = x^2 + 4x + a$
$$\lim_{x \to 1} \frac{x^2 - 1}{(x-1)f(x)} = \lim_{x \to 1} \frac{x+1}{f(x)} = 2$$이므로
$\dfrac{2}{f(1)} = 2$ $\therefore f(1) = 1$
$f(1) = 1 + 4 + a = 1$에서 $a = -4$
따라서 $f(x) = x^2 + 4x - 4$이므로
$f(3) = 3^2 + 4 \times 3 - 4 = 17$

15 $f(x) = x^3 + 2x + 6$으로 놓으면 $f'(x) = 3x^2 + 2$
점 $P(-1, 3)$에서의 접선의 기울기는
$$f'(-1) = 3 + 2 = 5$$
이므로 접선의 방정식은
$y - 3 = 5\{x - (-1)\}$
$\therefore y = 5x + 8$
접선과 곡선 $y = f(x)$가 만나는 점의 x좌표는
$x^3 + 2x + 6 = 5x + 8$, $x^3 - 3x - 2 = 0$
$(x+1)^2(x-2) = 0$
$\therefore x = 2$ ($\because x \neq -1$)
따라서 $a = 2$, $b = 18$이므로 $a + b = 20$

16 함수 $f(x)$는 모든 실수 x에 대하여 연속이므로 $x = 3$에서도 연속이다. 즉, $\displaystyle\lim_{x \to 3} f(x) = f(3)$에서
$$\lim_{x \to 3} \frac{g(x)}{x-3} = a \qquad \cdots\cdots \ \text{㉠}$$
㉠에서 $x \to 3$일 때, (분모)$\to 0$이고 극한값이 존재하므로
(분자)$\to 0$이어야 한다.
즉, $\displaystyle\lim_{x \to 3} g(x) = g(3) = 0$
$g(x)$는 이차항의 계수가 2인 이차함수이므로
$g(x) = 2(x-3)(x+b)$ (b는 상수)로 놓자.
이 식을 ㉠에 대입하면
$$\lim_{x \to 3} \frac{g(x)}{x-3} = \lim_{x \to 3} \frac{2(x-3)(x+b)}{x-3}$$
$$= \lim_{x \to 3} 2(x+b)$$
$$= 6 + 2b = a \qquad \cdots\cdots \ \text{㉡}$$
한편, $f(x) = \begin{cases} 2(x+b) & (x \neq 3) \\ a & (x = 3) \end{cases}$이므로
$f(0) = -4$에서
$2b = -4$ $\therefore b = -2$
$b = -2$를 ㉡에 대입하면
$a = 2$
따라서 $f(x) = \begin{cases} 2(x-2) & (x \neq 3) \\ 2 & (x = 3) \end{cases}$이므로
$f(2) + f(3) = 0 + 2 = 2$

17 함수 $g(x)$가 모든 실수 x에 대하여 연속이려면 $x=0$에서 연속이어야 하므로

$$g(0) = \lim_{x \to 0-} g(x) = \lim_{x \to 0+} g(x)$$

$g(0) = f(0)\{f(0)+k\} = 2(2+k) = 2k+4$

$\displaystyle\lim_{x \to 0-} g(x) = \lim_{x \to 0-} f(x)\{f(x)+k\}$

$\qquad\qquad = 2(2+k) = 2k+4$

$\displaystyle\lim_{x \to 0+} g(x) = \lim_{x \to 0+} f(x)\{f(x)+k\} = 0 \times k = 0$

따라서 $2k+4=0$이므로 $k=-2$

18 점 P의 좌표를 $(t, \sqrt{2t-2})$ $(t \geq 1)$라 하면 점 Q의 좌표는 $(t, 2)$이므로

$\overline{AQ} = |t-3|$, $\overline{PQ} = |\sqrt{2t-2}-2|$

점 P가 점 A에 한없이 가까워지면 $t \to 3$이므로

$\displaystyle\lim_{t \to 3} \frac{\overline{AQ}}{\overline{PQ}} = \lim_{t \to 3} \frac{|t-3|}{|\sqrt{2t-2}-2|}$

$\qquad\qquad = \lim_{t \to 3} \frac{t-3}{\sqrt{2t-2}-2}$

$\qquad\qquad = \lim_{t \to 3} \frac{(t-3)(\sqrt{2t-2}+2)}{2t-6}$

$\qquad\qquad = \lim_{t \to 3} \frac{\sqrt{2t-2}+2}{2}$

$\qquad\qquad = \frac{\sqrt{4}+2}{2} = 2$

19 $f(x) = x^3 + 2ax^2 + 4bx$에서 $f(-1) = -7$이므로

$-1 + 2a - 4b = -7$

$\therefore a - 2b = -3$ ······㉠ ······㉮

$\displaystyle\lim_{x \to 1} \frac{f(x)-f(1)}{x-1} = 3$에서 $f'(1) = 3$

$f'(x) = 3x^2 + 4ax + 4b$이므로

$f'(1) = 3 + 4a + 4b = 3$

$\therefore a + b = 0$ ······㉡ ······㉯

㉠, ㉡을 연립하여 풀면

$a = -1$, $b = 1$

따라서 $f(x) = x^3 - 2x^2 + 4x$이므로

$f(2) = 2^3 - 2 \times 2^2 + 4 \times 2 = 8$ ······㉰

채점 기준	배점
㉮ $a-2b=-3$ 구하기	2점
㉯ $a+b=0$ 구하기	2점
㉰ 답 구하기	2점

20 함수 $f(x)$가 $x=1$에서 미분가능하면 $x=1$에서 연속이므로

$1 + a + 3 = 2 + b$

$\therefore a - b = -2$ ·····㉠ ······㉮

$f'(x) = \begin{cases} 3x^2 + 2ax + 3 & (x > 1) \\ 4x & (x < 1) \end{cases}$이고

함수 $f(x)$는 $x=1$에서 미분가능하므로

$2a + 6 = 4$

$\therefore a = -1$ ······㉡

㉡을 ㉠에 대입하면

$b = 1$ ······㉯

$\therefore ab = -1$ ······㉰

채점 기준	배점
㉮ $a-b=-2$ 구하기	2점
㉯ a, b 구하기	2점
㉰ 답 구하기	2점

21 $f(x) = -x^3 + 4$, $g(x) = x^2 + ax + b$라 하면

$f'(x) = -3x^2$, $g'(x) = 2x + a$

두 곡선이 점 $(1, 3)$에서 공통접선을 가지므로

$f(1) = g(1)$에서 $3 = 1 + a + b$ ······㉠ ······㉮

$f'(1) = g'(1)$에서 $-3 = 2 + a$ $\therefore a = -5$ ······㉯

$a = -5$를 ㉠에 대입하면 $b = 7$

$\therefore ab = -35$ ······㉰

채점 기준	배점
㉮ $3=1+a+b$ 구하기	2점
㉯ $a=-5$ 구하기	2점
㉰ 답 구하기	2점

22 (i) $\displaystyle\lim_{x \to 3} f(x) = \lim_{x \to 3} |x-3| = 0$, $f(3) = 0$이므로

$\displaystyle\lim_{x \to 3} f(x) = f(3)$

따라서 함수 $y = f(x)$는 $x=3$에서 연속이다. ······㉮

(ii) $f'(3) = \displaystyle\lim_{h \to 0} \frac{f(3+h)-f(3)}{h}$

$\qquad = \displaystyle\lim_{h \to 0} \frac{|3+h-3| - |3-3|}{h}$

$\qquad = \displaystyle\lim_{h \to 0} \frac{|h|}{h}$

이때,

$\displaystyle\lim_{h \to 0+} \frac{|h|}{h} = \lim_{h \to 0+} \frac{h}{h} = 1$

$\displaystyle\lim_{h \to 0-} \frac{|h|}{h} = \lim_{h \to 0-} \frac{-h}{h} = -1$

이므로 $f'(3)$은 존재하지 않는다.

따라서 함수 $y = f(x)$는 $x=3$에서 미분가능하지 않다. ······㉯

(i), (ii)에서 함수 $f(x) = |x-3|$은 $x=3$에서 연속이지만 미분가능하지 않다.

채점 기준	배점
㉮ 연속임을 보이기	4점
㉯ 미분가능하지 않음을 보이기	4점

23 $x \neq 1$일 때, $f(x) = \dfrac{x^3 + ax + b}{x-1}$

함수 $f(x)$가 모든 실수 x에서 연속이므로 $x=1$에서도 연속이다. 즉, $\displaystyle\lim_{x \to 1} f(x) = f(1)$이므로

$\displaystyle\lim_{x \to 1} \frac{x^3 + ax + b}{x-1} = 5$ ······㉠ ······㉮

$x \to 1$일 때, (분모)$\to 0$이고 극한값이 존재하므로 (분자)$\to 0$이어야 한다.

즉, $\lim\limits_{x \to 1}(x^3+ax+b)=0$에서

$1+a+b=0$

$\therefore b=-a-1$ ...... ㉡

㉡을 ㉠에 대입하면

$$\lim_{x \to 1}\frac{x^3+ax-a-1}{x-1}=\lim_{x \to 1}\frac{(x-1)(x^2+x+a+1)}{x-1}$$
$$=\lim_{x \to 1}(x^2+x+a+1)$$
$$=a+3=5$$

$\therefore a=2$

$a=2$를 ㉡에 대입하면

$b=-3$ ...... ㉣

$\therefore f(x)=x^2+x+3$
$$=\left(x+\frac{1}{2}\right)^2+\frac{11}{4} \ (단, \ x \neq 1)$$ ...... ㉢

따라서 닫힌구간 $[0, 2]$에서 함수 $f(x)$의

최댓값은 $M=f(2)=9$

최솟값은 $m=f(0)=3$

$\therefore M+m=9+3=12$ ...... ㉤

채점 기준	배점
㉮ 식 $\lim\limits_{x \to 1}\dfrac{x^3+ax+b}{x-1}=5$ 세우기	2점
㉯ a, b 구하기	2점
㉰ 함수 $f(x)$ 구하기	2점
㉱ 답 구하기	2점

01 ③	02 ①	03 ④	04 ②	05 ⑤
06 ③	07 ④	08 ⑤	09 ④	10 ②
11 ④	12 ②	13 ①	14 ③	15 ⑤
16 ②	17 ①	18 ③	19 18	20 −1
21 $3\sqrt{5}$	22 3	23 12		

01 $\lim\limits_{x \to 1-}f(x)=\lim\limits_{x \to 1-}(2x+3)=5$

$\lim\limits_{x \to 1+}f(x)=\lim\limits_{x \to 1+}\{-(x-1)^2+2\}=2$

$\therefore \lim\limits_{x \to 1-}f(x)+\lim\limits_{x \to 1+}f(x)=5+2=7$

02 $\lim\limits_{x \to 1}\dfrac{8(x^4-1)}{(x^2-1)f(x)}=\lim\limits_{x \to 1}\dfrac{8(x^2-1)(x^2+1)}{(x^2-1)f(x)}$
$$=\lim_{x \to 1}\frac{8(x^2+1)}{f(x)}$$
$$=1$$

즉, $\dfrac{16}{f(1)}=1$이므로 $f(1)=16$

03 함수 $f(x)$가 $x=1$에서 연속이므로

$\lim\limits_{x \to 1}f(x)=f(1)$

$\therefore \lim\limits_{x \to 1}\dfrac{x^2+ax+b}{x-1}=5$ ...... ㉠

㉠에서 $x \to 1$일 때, (분모)$\to 0$이고 극한값이 존재하므로 (분자)$\to 0$이어야 한다.

즉, $\lim\limits_{x \to 1}(x^2+ax+b)=1+a+b=0$

$\therefore b=-a-1$

$b=-a-1$을 ㉠에 대입하면

$$\lim_{x \to 1}\frac{x^2+ax-a-1}{x-1}=\lim_{x \to 1}\frac{(x-1)(x+1+a)}{x-1}$$
$$=\lim_{x \to 1}(x+1+a)$$
$$=2+a=5$$

따라서 $a=3$, $b=-4$이므로

$ab=-12$

04 $\lim\limits_{h \to 0}\dfrac{f(1+2h)-f(1)}{3h}$
$$=\lim_{h \to 0}\frac{f(1+2h)-f(1)}{2h} \times \frac{2}{3}$$
$$=\frac{2}{3}f'(1)$$
$$=\frac{2}{3} \times 6$$
$$=4$$

05 $f(x)=(x+1)(x^2-3x+5)$에서

$f'(x)=x^2-3x+5+(x+1)(2x-3)$
$$=3x^2-4x+2$$

$$\therefore \lim_{x \to 1} \frac{x^3 f(1) - f(x^3)}{x-1}$$

$$= \lim_{x \to 1} \frac{x^3 f(1) - f(1) - f(x^3) + f(1)}{x-1}$$

$$= \lim_{x \to 1} \frac{f(1)(x^3 - 1) - \{f(x^3) - f(1)\}}{x-1}$$

$$= \lim_{x \to 1} \frac{f(1)(x^3 - 1)}{x-1} - \lim_{x \to 1} \frac{f(x^3) - f(1)}{x-1} \times (x^2 + x + 1)$$

$$= \lim_{x \to 1} f(1)(x^2 + x + 1) - 3 \lim_{x \to 1} \frac{f(x^3) - f(1)}{x^3 - 1}$$

$$= 3f(1) - 3f'(1)$$

$$= 3 \times 6 - 3 \times 1 = 15$$

06 $f(x) = \begin{cases} -x-1 & (x<0) \\ x^3+1 & (x \geq 0) \end{cases}$, $g(x) = \begin{cases} x^2+3 & (x<0) \\ 2x+k & (x \geq 0) \end{cases}$ 에서

$f(x) + g(x) = \begin{cases} x^2 - x + 2 & (x<0) \\ x^3 + 2x + 1 + k & (x \geq 0) \end{cases}$

이므로

$\lim_{x \to 0-} \{f(x) + g(x)\} = 2$

$\lim_{x \to 0+} \{f(x) + g(x)\} = 1 + k$

$f(0) + g(0) = 1 + k$

함수 $f(x) + g(x)$ 가 $x=0$ 에서 연속이 되려면

$\lim_{x \to 0-} \{f(x) + g(x)\} = \lim_{x \to 0+} \{f(x) + g(x)\} = f(0) + g(0)$

$2 = 1 + k \qquad \therefore k = 1$

07 조건 ㈎, ㈏에서 좌극한과 우극한이 같고, 불연속인 점은 $x=0$,
$x=5$ 이다.
조건 ㈐에서 $f(0)$ 의 값은 존재하지 않고, $f(5)=2$ 이므로
$a=5$, $b=2$
$\therefore a - b = 3$

08 주어진 식에 $x=0$, $y=0$ 을 대입하면
$f(0) = f(0) + f(0) - 2$ 에서 $f(0) = 2$ 이므로

$f'(1) = \lim_{h \to 0} \frac{f(1+h) - f(1)}{h}$

$= \lim_{h \to 0} \frac{f(1) + f(h) + h - 2 - f(1)}{h}$

$= \lim_{h \to 0} \frac{f(h) - 2}{h} + 1$

$= \lim_{h \to 0} \frac{f(h) - f(0)}{h} + 1$

$= f'(0) + 1$

따라서 $f'(0) + 1 = 5$ 이므로
$f'(0) = 4$

09 ㄱ. $\lim_{h \to 0} \frac{f(1+h) - f(1)}{h} = \lim_{h \to 0} \frac{(1+h)^2 - 1^2}{h}$

$= \lim_{h \to 0} \frac{h(2+h)}{h}$

$= \lim_{h \to 0} (2+h)$

$= 2$

즉, 함수 $f(x)$ 는 $x=1$ 에서 미분가능하다.

ㄴ. $\lim_{h \to 0} \frac{f(1+h) - f(1)}{h}$

$= \lim_{h \to 0} \frac{|(1+h)^2 - (1+h)| - |1^2 - 1|}{h}$

$= \lim_{h \to 0} \frac{|h^2 + h|}{h}$

그런데

$\lim_{h \to 0-} \frac{|h^2 + h|}{h} = \lim_{h \to 0-} \frac{-h^2 - h}{h}$

$= \lim_{h \to 0-} (-h - 1) = -1$

$\lim_{h \to 0+} \frac{|h^2 + h|}{h} = \lim_{h \to 0+} \frac{h^2 + h}{h}$

$= \lim_{h \to 0+} (h + 1) = 1$

이므로 $\lim_{h \to 0} \frac{f(1+h) - f(1)}{h}$ 의 값은 존재하지 않는다.

즉, 함수 $f(x)$ 는 $x=1$ 에서 미분가능하지 않다.

ㄷ. $\lim_{h \to 0} \frac{f(1+h) - f(1)}{h} = \lim_{h \to 0} \frac{\frac{1}{1+h} - 1}{h}$

$= \lim_{h \to 0} \frac{-1}{1+h}$

$= -1$

즉, 함수 $f(x)$ 는 $x=1$ 에서 미분가능하다.
따라서 $x=1$ 에서 미분가능한 함수는 ㄱ, ㄷ이다.

10 함수 $g(x) = ax^2 - 5x + 2$, $h(x) = x^3 - x^2 + bx$ 로 놓으면
$g'(x) = 2ax - 5$, $h'(x) = 3x^2 - 2x + b$
이때, 함수 $f(x)$ 가 $x=1$ 에서 미분가능하므로
$g(1) = h(1)$ 에서 $a - 5 + 2 = 1 - 1 + b$
$\therefore a - b = 3 \qquad \cdots\cdots \text{㉠}$
$g'(1) = h'(1)$ 에서 $2a - 5 = 3 - 2 + b$
$\therefore 2a - b = 6 \qquad \cdots\cdots \text{㉡}$
㉠, ㉡을 연립하여 풀면
$a = 3$, $b = 0$
$\therefore a^2 + b^2 = 9 + 0 = 9$

> **핵심 포인트**
>
> 미분가능한 두 함수 g, h 에 대하여
> $f(x) = \begin{cases} g(x) & (x > a) \\ h(x) & (x \leq a) \end{cases}$ 가 $x=a$ 에서 미분가능할 때
> (1) $x=a$ 에서 연속 ➡ $g(a) = h(a)$
> (2) $f'(a)$ 가 존재 ➡ $g'(a) = h'(a)$

11 $p'(x) = f'(x)g(x) + f(x)g'(x)$ 이고, 주어진 그래프에서
$f(-3) = 2$, $f'(-3) = 0$ 이므로
$p'(-3) = f'(-3)g(-3) + f(-3)g'(-3)$
$= 0 \times g(-3) + 2g'(-3)$
$= 2g'(-3)$
따라서 $2g'(-3) = 8$ 이므로
$g'(-3) = 4$

12 $f(x)=2x^2-2x+3$이라 하면

$f'(x)=4x-2$

점 $(a,\,b)$에서의 접선의 기울기가 2이므로

$f'(a)=4a-2=2$ $\quad\therefore a=1$

따라서 접점의 좌표는 $(1,\,3)$이므로

$b=3$

$\therefore a+b=4$

13 $a\leq0$이면 $\lim\limits_{x\to-\infty}(\sqrt{2+x^2}+ax)=\infty$이므로 $a>0$이어야 한다.

$x=-t$로 놓으면 $x\to-\infty$일 때 $t\to\infty$이므로

$\lim\limits_{x\to-\infty}(\sqrt{2+x^2}+ax)$

$=\lim\limits_{t\to\infty}(\sqrt{2+t^2}-at)$

$=\lim\limits_{t\to\infty}\dfrac{(\sqrt{2+t^2}-at)(\sqrt{2+t^2}+at)}{\sqrt{2+t^2}+at}$

$=\lim\limits_{t\to\infty}\dfrac{2+(1-a^2)t^2}{\sqrt{2+t^2}+at}$

$=\lim\limits_{t\to\infty}\dfrac{\dfrac{2}{t}+(1-a^2)t}{\sqrt{\dfrac{2}{t^2}+1}+a}$ $\quad\cdots\cdots\text{㉠}$

㉠의 극한값이 존재하려면

$1-a^2=0$ $\quad\therefore a=1\ (\because a>0)$

$a=1$을 ㉠에 대입하면

$\lim\limits_{t\to\infty}\dfrac{\dfrac{2}{t}}{\sqrt{\dfrac{2}{t^2}+1}+1}=0$이므로 $b=0$

$\therefore a+b=1$

14 이차함수 $y=3x^2-4x+2$의 그래프를 y축의 방향으로 a만큼 평행이동하면 $y=3x^2-4x+2+a$이므로

$g(x)=3x^2-4x+2+a$

두 함수 $y=f(x)$와 $y=g(x)$의 그래프 사이에 함수 $y=h(x)$의 그래프가 존재하므로

$3x^2-4x+2<h(x)<3x^2-4x+2+a\ (\because a>0)$

위의 부등식의 각 변을 x^2으로 나누면

$\dfrac{3x^2-4x+2}{x^2}<\dfrac{h(x)}{x^2}<\dfrac{3x^2-4x+2+a}{x^2}$

따라서 $\lim\limits_{x\to\infty}\dfrac{3x^2-4x+2}{x^2}=\lim\limits_{x\to\infty}\dfrac{3x^2-4x+2+a}{x^2}=3$이므로

$\lim\limits_{x\to\infty}\dfrac{h(x)}{x^2}=3$

> **핵심 포인트**
>
> 두 함수 $y=f(x)$, $y=g(x)$에서
> $\lim\limits_{x\to a}f(x)=\alpha$, $\lim\limits_{x\to a}g(x)=\beta\ (\alpha,\ \beta$는 실수$)$일 때, a에 가까운 모든 x의 값에 대하여
> (1) $f(x)\leq g(x)$이면 $\Rightarrow\alpha\leq\beta$
> (2) 함수 $y=h(x)$에 대하여
> $\quad f(x)\leq h(x)\leq g(x)$이고 $\alpha=\beta$이면 $\Rightarrow\lim\limits_{x\to a}h(x)=\alpha$

15 함수 $f(x)$가 모든 실수 x에서 연속이므로 $x=1$에서 연속이다.

$\therefore \lim\limits_{x\to1}f(x)=f(1)$

즉, $\lim\limits_{x\to1}f(x)$의 값이 존재하므로

$\lim\limits_{x\to1-}f(x)=\lim\limits_{x\to1-}ax=a,$

$\lim\limits_{x\to1+}f(x)=\lim\limits_{x\to1+}(bx-8)=b-8$

에서 $a=b-8$ $\quad\cdots\cdots\text{㉠}$

$f(x+4)=f(x)$이므로 $f(4)=f(0)$에서 $4b-8=0$

$\therefore b=2$

이를 ㉠에 대입하면 $a=-6$

따라서 $f(x)=\begin{cases}-6x & (0\leq x\leq1)\\ 2x-8 & (1<x\leq4)\end{cases}$이므로

$f(1)+f(3)=(-6)+(-2)=-8$

16 $y=x^2+1$에서 $y'=2x$이므로 점 $(-2,\,5)$에서의 접선의 방정식은

$y-5=-4(x+2)$

$\therefore y=-4x-3$ $\quad\cdots\cdots\text{㉠}$

또 $y=x^3+ax-1$에서 $y'=3x^2+a$이므로 접점의 좌표를 $(t,\,t^3+at-1)$이라 하면 접선의 방정식은

$y-(t^3+at-1)=(3t^2+a)(x-t)$

$\therefore y=(3t^2+a)x-2t^3-1$ $\quad\cdots\cdots\text{㉡}$

두 접선 ㉠, ㉡이 일치해야 하므로

$-2t^3-1=-3$에서 $-2t^3=-2$ $\quad\therefore t=1$

$3t^2+a=-4$에서 $3+a=-4$ $\quad\therefore a=-7$

17 $\lim\limits_{x\to1}\dfrac{f(x)+3}{x^2-1}=2$에서 $x\to1$일 때, (분모)$\to0$이므로 (분자)$\to0$이어야 한다.

즉, $f(1)+3=0$에서 $f(1)=-3$ $\quad\cdots\cdots\text{㉠}$

$\lim\limits_{x\to1}\dfrac{f(x)+3}{x^2-1}=\lim\limits_{x\to1}\dfrac{f(x)-f(1)}{x-1}\times\dfrac{1}{x+1}$

$\qquad=\dfrac{1}{2}f'(1)=2$

$\therefore f'(1)=4$ $\quad\cdots\cdots\text{㉡}$

$\lim\limits_{x\to\infty}\dfrac{f(x)}{2x^2-x}=\dfrac{1}{2}$에서 $f(x)$는 최고차항의 계수가 1인 이차함수이므로

$f(x)=x^2+ax+b$로 놓으면 $f'(x)=2x+a$

㉡에서 $f'(1)=2+a=4$ $\quad\therefore a=2$

㉠에서 $f(1)=1+2+b=-3$ $\quad\therefore b=-6$

즉, $f(x)=x^2+2x-6$이므로 $f'(x)=g(x)=2x+2$

$\therefore g'(x)=2$

$h(x)=f(x)g(x)$에서 $h'(x)=f'(x)g(x)+f(x)g'(x)$

$\therefore h'(1)=f'(1)g(1)+f(1)g'(1)$

$\qquad=4\times4+(-3)\times2$

$\qquad=10$

18 함수 $y=g(x)$의 그래프는 그림과 같다.

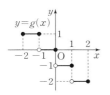

ㄱ. $\lim_{x \to 0^-} \{f(x)+g(x)\} = -1+0 = -1$

$\lim_{x \to 0^+} \{f(x)+g(x)\} = 0-1 = -1$

$\therefore \lim_{x \to 0} \{f(x)+g(x)\} = -1$ (참)

ㄴ. $h(x) = f(x)g(x)$라 하면 $h(0) = 0$

$\lim_{x \to 0^-} h(x) = \lim_{x \to 0^-} \{f(x)g(x)\} = (-1) \times 0 = 0$

$\lim_{x \to 0^+} h(x) = \lim_{x \to 0^+} \{f(x)g(x)\} = 0 \times (-1) = 0$

즉, $h(0) = \lim_{x \to 0} h(x)$이므로 함수 $y = f(x)g(x)$는 $x = 0$에서 연속이다. (참)

ㄷ. 함수 $y = g(f(x))$의 그래프는 그림과 같으므로 닫힌구간 $[-2, 2]$에서 함수 $y = g(f(x))$의 불연속인 점은 $x = 0$, $x = 1$일 때의 2개이다. (거짓)

따라서 옳은 것은 ㄱ, ㄴ이다.

19 $\lim_{x \to 1} \dfrac{f(x^3)-f(1)}{x-1} = \lim_{x \to 1} \dfrac{f(x^3)-f(1)}{(x-1)(x^2+x+1)} \times (x^2+x+1)$

$= \lim_{x \to 1} \dfrac{f(x^3)-f(1)}{x^3-1} \times (x^2+x+1)$ ······⑦

$= 3f'(1) = 3 \times 6 = 18$ ······⑭

채점 기준	배점
⑦ 식 변형하기	3점
⑭ 답 구하기	3점

20 $\lim_{x \to 3} \{2f(x)+4\} = 8$에서 $\lim_{x \to 3} f(x) = 2$ ······⑦

$3g(x)-f(x) = h(x)$로 놓으면

$g(x) = \dfrac{h(x)+f(x)}{3}$이고 $\lim_{x \to 3} h(x) = 7$이므로

$\lim_{x \to 3} g(x) = \lim_{x \to 3} \left\{ \dfrac{h(x)+f(x)}{3} \right\}$

$= \dfrac{1}{3} \lim_{x \to 3} h(x) + \dfrac{1}{3} \lim_{x \to 3} f(x)$

$= \dfrac{7}{3} + \dfrac{2}{3} = 3$ ······⑭

$\therefore \lim_{x \to 3} \{f(x)-g(x)\} = \lim_{x \to 3} f(x) - \lim_{x \to 3} g(x)$

$= 2-3 = -1$ ······⑭

채점 기준	배점
⑦ $\lim_{x \to 3} f(x) = 2$ 구하기	2점
⑭ $\lim_{x \to 3} g(x) = 3$ 구하기	2점
⑭ 답 구하기	2점

21 $f(x) = x^3-5x$로 놓으면 $f'(x) = 3x^2-5$

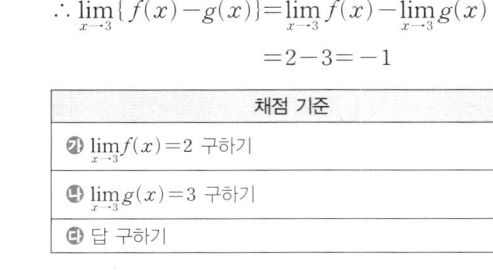

점 $A(-1, 4)$에서의 접선의 기울기는

$f'(-1) = 3-5 = -2$

이므로 접선의 방정식은

$y-4 = -2\{x-(-1)\}$

$\therefore y = -2x+2$ ······⑦

접선과 곡선 $y = f(x)$가 만나는 점의 x좌표는

$x^3-5x = -2x+2$, $x^3-3x-2 = 0$

$(x+1)^2(x-2) = 0$ $\therefore x = 2$ ($\because x \neq -1$)

따라서 점 $B(2, -2)$이므로 ······⑭

$\overline{AB} = \sqrt{(2+1)^2+(-2-4)^2}$

$= \sqrt{9+36} = 3\sqrt{5}$ ······⑭

채점 기준	배점
⑦ 접선의 방정식 구하기	2점
⑭ 점 B의 좌표 구하기	2점
⑭ 답 구하기	2점

22 $\lim_{x \to \infty} \dfrac{f(x)}{x^3} = 0$이므로 $f(x)$는 이차 이하의 다항함수이다.

$\lim_{x \to 0} \dfrac{f(x)}{x} = 4$에서 $x \to 0$일 때, (분모) $\to 0$이고 극한값이 존재하므로 (분자) $\to 0$이어야 한다.

즉, $\lim_{x \to 0} f(x) = 0$에서 $f(0) = 0$이므로

$f(x) = ax^2+bx$ (a, b는 상수)로 놓으면 ······⑦

$\lim_{x \to 0} \dfrac{f(x)}{x} = \lim_{x \to 0} \dfrac{ax^2+bx}{x}$

$= \lim_{x \to 0} (ax+b) = b = 4$

한편, 방정식 $f(x) = x$, 즉 $ax^2+4x = x$의 한 근이 3이므로

$9a+12 = 3$ $\therefore a = -1$ ······⑭

따라서 $f(x) = -x^2+4x$이므로

$f(1) = -1+4 = 3$ ······⑭

채점 기준	배점
⑦ $f(x) = ax^2+bx$로 설정하기	3점
⑭ $a = -1$, $b = 4$ 구하기	3점
⑭ 답 구하기	2점

23 $f(x)$를 n차 함수라 하면 $f'(x)$는 $(n-1)$차 함수이다.

조건 ㈏에서 $(f \circ f)(x) = f(x)f'(x)+6$이므로 좌변과 우변의 최고차항의 차수가 같다.

$n^2 = n+(n-1)$, $n^2-2n+1 = 0$

$(n-1)^2 = 0$ $\therefore n = 1$

즉, $f(x) = ax+b$ ($a \neq 0$, b는 상수)라 하면 ······⑦

$f'(x) = a$

$f(x)$, $f'(x)$를 조건 ㈏에 대입하면

$a(ax+b)+b = a(ax+b)+6$

$\therefore b = 6$

조건 ㈎에서 $f(2) = 10$이므로

$2a+b = 10$

$b = 6$을 대입하면 $a = 2$ ······⑭

따라서 $f(x) = 2x+6$이므로

$f(3) = 6+6 = 12$ ······⑭

채점 기준	배점
⑦ $f(x) = ax+b$로 설정하기	3점
⑭ $a = 2$, $b = 6$ 구하기	3점
⑭ 답 구하기	2점

20○○학년도 2학년 중간고사(3회)				
01 ②	02 ③	03 ④	04 ④	05 ②
06 ②	07 ⑤	08 ①	09 ①	10 ④
11 ①	12 ③	13 ①	14 ⑤	15 ②
16 ③	17 ⑤	18 ④	19 16	20 (1) 연속
(2) 미분가능 21 −2		22 3	23 9	

01 $\lim\limits_{x \to -1+} f(x) = -1$, $\lim\limits_{x \to 1+} f(x) = 0$이므로

$\lim\limits_{x \to -1+} f(x) + \lim\limits_{x \to 1+} f(x) = -1$

02 $\lim\limits_{x \to 3} \dfrac{x^2 - 9}{x^2 + ax} = b$에서 $x \to 3$일 때, (분자)$\to 0$이고 0이 아닌 극

한값이 존재하므로 (분모)$\to 0$이어야 한다.

즉, $\lim\limits_{x \to 3}(x^2 + ax) = 0$이므로 $9 + 3a = 0$

$\therefore a = -3$

$\therefore \lim\limits_{x \to 3} \dfrac{x^2 - 9}{x^2 + ax} = \lim\limits_{x \to 3} \dfrac{x^2 - 9}{x^2 - 3x}$

$= \lim\limits_{x \to 3} \dfrac{(x+3)(x-3)}{x(x-3)}$

$= \lim\limits_{x \to 3} \dfrac{x+3}{x}$

$= 2 = b$

$\therefore a + b = (-3) + 2 = -1$

03 $\lim\limits_{x \to 0} \dfrac{f(x) + x^2}{f(x) - x^2} = \lim\limits_{x \to 0} \dfrac{\dfrac{f(x)}{x^2} + 1}{\dfrac{f(x)}{x^2} - 1}$

$= \dfrac{3+1}{3-1} = 2$

04 함수 $y = f(x)$가 $x = 0$에서 연속이려면

$\lim\limits_{x \to 0} f(x) = f(0)$이어야 하므로

$\lim\limits_{x \to 0} \dfrac{2\sqrt{x+a} - b}{x} = \dfrac{1}{2}$ ······㉠

$x \to 0$일 때, (분모)$\to 0$이므로 (분자)$\to 0$이어야 한다.

$\lim\limits_{x \to 0}(2\sqrt{x+a} - b) = 2\sqrt{a} - b = 0$

$\therefore b = 2\sqrt{a}$

$b = 2\sqrt{a}$를 ㉠에 대입하면

$\lim\limits_{x \to 0} \dfrac{2\sqrt{x+a} - b}{x} = \lim\limits_{x \to 0} \dfrac{2\sqrt{x+a} - 2\sqrt{a}}{x}$

$= \lim\limits_{x \to 0} \dfrac{2(\sqrt{x+a} - \sqrt{a})(\sqrt{x+a} + \sqrt{a})}{x(\sqrt{x+a} + \sqrt{a})}$

$= \lim\limits_{x \to 0} \dfrac{2x}{x(\sqrt{x+a} + \sqrt{a})}$

$= \dfrac{2}{2\sqrt{a}} = \dfrac{1}{\sqrt{a}} = \dfrac{1}{2}$

따라서 $a = 4$, $b = 4$이므로 $a + b = 8$

05 x의 값이 -1에서 1까지 변할 때의 평균변화율은

$\dfrac{f(1) - f(-1)}{1 - (-1)} = \dfrac{(1 - a) - (-1 - a)}{2}$

$= \dfrac{2}{2} = 1$

또 $x = b$에서의 미분계수는

$f(x) = x^3 - ax^2$에서

$f'(x) = 3x^2 - 2ax$이므로

$f'(b) = 3b^2 - 2ab$

즉, $3b^2 - 2ab = 1$에서

$3b^2 - 2ab - 1 = 0$ ······㉠

따라서 ㉠을 만족시키는 b의 값들의 합은 근과 계수의 관계에 의

하여

$\dfrac{2a}{3} = 4$ $\therefore a = 6$

06 $\dfrac{2}{n} = h$로 놓으면 $n \to \infty$일 때, $h \to 0$이므로

$\lim\limits_{n \to \infty} n\left\{f\left(a + \dfrac{2}{n}\right) - f(a)\right\} = \lim\limits_{h \to 0} \dfrac{f(a+h) - f(a)}{h} \times 2$

$= 2f'(a) = 12$

$\therefore f'(a) = 6$

한편, $f(x) = x^2 + 2x + 5$에서

$f'(x) = 2x + 2$이므로

$f'(a) = 2a + 2 = 6$

$\therefore a = 2$

> **핵심 포인트**
>
> $\lim\limits_{n \to \infty} n\left\{f\left(a + \dfrac{1}{n}\right) - f(a)\right\}$ 꼴의 변형
>
> 미분가능한 함수 $y = f(x)$에 대하여
>
> $\lim\limits_{n \to \infty} n\left\{f\left(a + \dfrac{1}{n}\right) - f(a)\right\}$ $\quad \dfrac{1}{n} = h$로 치환
>
> $= \lim\limits_{h \to 0} \dfrac{f(a+h) - f(a)}{h} = f'(a)$
>
> [참고] $\lim\limits_{n \to \infty} n\left\{f\left(a + \dfrac{p}{n}\right) - f\left(a + \dfrac{q}{n}\right)\right\} = (p - q)f'(a)$

07 $f'(-2) = -2$, $f'(4) = 10$이고, 함수 $y = f(x)$의 그래프는 y축에

대하여 대칭이므로

$f'(2) = 2$

$\therefore \lim\limits_{x \to 2} \dfrac{f(x^2) - f(4)}{f(x) - f(2)}$

$= \lim\limits_{x \to 2} \dfrac{f(x^2) - f(4)}{x^2 - 4} \times \dfrac{x - 2}{f(x) - f(2)} \times (x + 2)$

$= f'(4) \times \dfrac{1}{f'(2)} \times 4$

$= 10 \times \dfrac{1}{2} \times 4 = 20$

08 $f(x) = (ax^3 - 2x + 3)(4x - 5)$에서

$f'(x) = (ax^3 - 2x + 3)'(4x - 5) + (ax^3 - 2x + 3)(4x - 5)'$

$= (3ax^2 - 2)(4x - 5) + (ax^3 - 2x + 3) \times 4$

$x = 1$을 양변에 대입하면

$$f'(1) = (3a-2) \times (-1) + (a+1) \times 4$$
$$= a+6 = 4$$
$$\therefore a = -2$$
$f(x) = (-2x^3 - 2x + 3)(4x - 5)$이므로
$$f(-1) = (2+2+3)(-4-5) = -63$$

09 함수 $y = f(x)$의 그래프 위의 점 $(1, 3)$에서의 접선의 기울기가 5이므로
$$f(1) = 3, \quad f'(1) = 5$$
$$\therefore \lim_{x \to 1} \frac{x^3 f(1) - f(x^3)}{x-1}$$
$$= \lim_{x \to 1} \frac{x^3 f(1) - f(1) - \{f(x^3) - f(1)\}}{x-1}$$
$$= \lim_{x \to 1} \frac{(x^3 - 1)f(1)}{x-1} - \lim_{x \to 1} \frac{f(x^3) - f(1)}{x-1}$$
$$= \lim_{x \to 1} (x^2 + x + 1)f(1) - \lim_{x \to 1} \frac{f(x^3) - f(1)}{x^3 - 1} \times (x^2 + x + 1)$$
$$= 3f(1) - 3f'(1)$$
$$= 3 \times 3 - 3 \times 5 = -6$$

10 $f(x) = x^3 - 2x^2 + 3x + 1$로 놓으면
$$f'(x) = 3x^2 - 4x + 3 \qquad \therefore f'(1) = 2$$
점 $(1, 3)$을 지나고 기울기가 2인 직선의 방정식은
$$y - 3 = 2(x-1) \qquad \therefore y = 2x+1$$
따라서 $a = 2, b = 1$이므로 $ab = 2$

11 $$\lim_{x \to a} \frac{x^3 - a^3}{x^2 - a^2} = \lim_{x \to a} \frac{(x-a)(x^2 + ax + a^2)}{(x-a)(x+a)}$$
$$= \lim_{x \to a} \frac{x^2 + ax + a^2}{x+a}$$
$$= \frac{3a^2}{2a}$$
$$= \frac{3}{2}a$$
즉, $\dfrac{3}{2}a = 3$이므로 $a = 2$
$$\therefore \lim_{x \to \infty} (\sqrt{x^2 + 2x} - \sqrt{x^2 + bx})$$
$$= \lim_{x \to \infty} \frac{(2-b)x}{\sqrt{x^2 + 2x} + \sqrt{x^2 + bx}}$$
$$= \lim_{x \to \infty} \frac{2-b}{\sqrt{1 + \dfrac{2}{x}} + \sqrt{1 + \dfrac{b}{x}}}$$
$$= \frac{2-b}{2}$$
즉, $\dfrac{2-b}{2} = 3$이므로 $b = -4$
$$\therefore a + b = 2 - 4 = -2$$

12 실수 a에 대하여 주어진 집합의 원소의 개수는 방정식 $ax^2 + 2(a-2)x - (a-2) = 0$의 실근의 개수와 같다.
(i) $a \neq 0$일 때,
방정식 $ax^2 + 2(a-2)x - (a-2) = 0$의 판별식을 D라 하면 서로 다른 두 실근을 갖는 경우는 $D > 0$이므로

$$\frac{D}{4} = (a-2)^2 + a(a-2)$$
$$= 2a^2 - 6a + 4$$
$$= 2(a^2 - 3a + 2)$$
$$= 2(a-1)(a-2) > 0$$
$\therefore a < 0$ 또는 $0 < a < 1$ 또는 $a > 2$
중근(한 개의 실근)을 갖는 경우 $D = 0$이므로
$$\frac{D}{4} = 2(a-1)(a-2) = 0$$
$\therefore a = 1$ 또는 $a = 2$
또한, 실근을 갖지 않는 경우 $D < 0$이므로
$$\frac{D}{4} = 2(a-1)(a-2) < 0$$
$\therefore 1 < a < 2$
(ii) $a = 0$일 때,
$$-4x + 2 = 0 \qquad \therefore x = \frac{1}{2}$$
즉, 실근의 개수는 1이다.
(i), (ii)에서
$$f(a) = \begin{cases} 2 & (a < 0 \text{ 또는 } 0 < a < 1 \text{ 또는 } a > 2) \\ 1 & (a = 0, 1, 2) \\ 0 & (1 < a < 2) \end{cases}$$
함수 $y = f(a)$의 그래프는 그림과 같다.
함수 $f(a)$가 불연속인 점의 개수는
$a = 0, a = 1, a = 2$의 3이다.

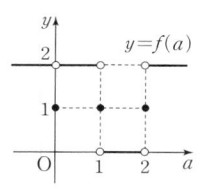

13 $f(x) = x^2 - x$라 하면
$$f'(x) = 2x - 1$$
접점의 좌표를 $(t, t^2 - t)$라 하면 접선의 기울기는
$$f'(t) = 2t - 1$$
이므로 접선의 방정식은
$$y - (t^2 - t) = (2t-1)(x-t)$$
$$\therefore y = (2t-1)x - t^2$$
이 직선이 점 $(1, -1)$을 지나므로
$$-1 = 2t - 1 - t^2, \quad t^2 - 2t = 0$$
$$t(t-2) = 0 \qquad \therefore t = 0 \text{ 또는 } t = 2$$
따라서 구하는 접선의 방정식은 $y = -x$ 또는 $y = 3x - 4$이므로 두 접선의 기울기의 곱은 -3이다.

14 $$\lim_{x \to 1} \frac{f(x) - f(1)}{x-1} = f'(1) = 3 \qquad \cdots\cdots \text{㉠}$$
$$\lim_{x \to 2} \frac{x^3 - 8}{f(x) - f(2)} = \lim_{x \to 2} \frac{x-2}{f(x) - f(2)} \times (x^2 + 2x + 4)$$
$$= \lim_{x \to 2} \frac{1}{\dfrac{f(x) - f(2)}{x-2}} \times (x^2 + 2x + 4)$$
$$= \frac{12}{f'(2)} = 1$$
$$\therefore f'(2) = 12 \qquad \cdots\cdots \text{㉡}$$
이때, $f'(x) = (2x+1)(ax+b) + (x^2 + x + 1) \times a$ 이므로

㉠에서

$f'(1)=3(a+b)+3a=3$

$\therefore 2a+b=1$ ......㉢

㉡에서

$f'(2)=5(2a+b)+7a=12$

$\therefore 17a+5b=12$ ......㉣

㉢, ㉣을 연립하여 풀면 $a=1$, $b=-1$

즉, $f'(x)=(2x+1)(x-1)+x^2+x+1=3x^2$이므로

$f'(3)=27$

15 $\lim\limits_{x \to 1}\dfrac{f(x)}{x-1}=3$에서 극한값이 존재하고 $x \longrightarrow 1$일 때,

(분모) $\longrightarrow 0$이므로 (분자) $\longrightarrow 0$이어야 한다.

$\therefore f(1)=0$ ......㉠

$\lim\limits_{x \to 2}\dfrac{f(x)}{x-2}=1$에서 극한값이 존재하고 $x \longrightarrow 2$일 때,

(분모) $\longrightarrow 0$이므로 (분자) $\longrightarrow 0$이어야 한다.

$\therefore f(2)=0$ ......㉡

㉠, ㉡에서 $f(x)=(x-1)(x-2)g(x)$라 하면

$\lim\limits_{x \to 1}\dfrac{f(x)}{x-1}=\lim\limits_{x \to 1}\{(x-2)g(x)\}=-g(1)=3$

$\therefore g(1)=-3$ ......㉢

$\lim\limits_{x \to 2}\dfrac{f(x)}{x-2}=\lim\limits_{x \to 2}\{(x-1)g(x)\}=g(2)=1$ ......㉣

㉢, ㉣에서 $g(1)g(2)=-3<0$

따라서 방정식 $g(x)=0$은 사잇값의 정리에 의하여 열린구간 $(1, 2)$에서 적어도 하나의 실근을 가지므로 방정식 $f(x)=0$은 $1 \le x \le 2$에서 적어도 3개의 서로 다른 실근을 갖는다.

16 $g(x)=x^2+1$이라 하면 $g'(x)=2x$

점 $P(t, t^2+1)$에서의 접선의 기울기는

$g'(t)=2t$

이므로 이 접선에 수직인 직선의 기울기는 $-\dfrac{1}{2t}$이다.

즉, 점 P를 지나고 점 P에서의 접선과 수직인 직선의 방정식은

$y-(t^2+1)=-\dfrac{1}{2t}(x-t)$

$\therefore y=-\dfrac{1}{2t}x+t^2+\dfrac{3}{2}$

$x=0$일 때, $y=t^2+\dfrac{3}{2}$이므로

$f(t)=t^2+\dfrac{3}{2}$

$\therefore \lim\limits_{t \to 0}f(t)=\lim\limits_{t \to 0}\left(t^2+\dfrac{3}{2}\right)=\dfrac{3}{2}$

17 $f(x)=\begin{cases} x & (x \ge 3) \\ -x+6 & (x<3) \end{cases}$이므로

$f(x)g(x)=\begin{cases} x(ax^2+1) & (x \ge 3) \\ (-x+6)(ax^2+1) & (x<3) \end{cases}$

함수 $y=f(x)g(x)$가 실수 전체의 집합에서 미분가능하므로

$x=3$에서 연속이고 미분가능해야 한다.

$\lim\limits_{x \to 3+}f(x)g(x)=\lim\limits_{x \to 3-}f(x)g(x)=3(9a+1)$이고

$\{f(x)g(x)\}'=\begin{cases} 3ax^2+1 & (x>3) \\ -3ax^2+12ax-1 & (x<3) \end{cases}$에서

함수 $y=f(x)g(x)$는 $x=3$에서 미분계수가 존재하므로

$\lim\limits_{x \to 3+}\{f(x)g(x)\}'=\lim\limits_{x \to 3-}\{f(x)g(x)\}'$

$27a+1=-27a+36a-1$

$18a=-2$ $\therefore a=-\dfrac{1}{9}$

18 ㄱ. $\lim\limits_{x \to 1-}f(x)g(x)=\lim\limits_{x \to 1-}f(x) \times \lim\limits_{x \to 1-}g(x)$

$=(-1) \times 1=-1$

$\lim\limits_{x \to 1+}f(x)g(x)=\lim\limits_{x \to 1+}f(x) \times \lim\limits_{x \to 1+}g(x)$

$=1 \times (-1)=-1$

$\therefore \lim\limits_{x \to 1}f(x)g(x)=-1$ (참)

ㄴ. $\lim\limits_{x \to 0-}f(x+1)=\lim\limits_{t \to 1-}f(t)=-1$

$\lim\limits_{x \to 0+}f(x+1)=\lim\limits_{t \to 1+}f(t)=1$

즉, $\lim\limits_{x \to 0-}f(x+1) \ne \lim\limits_{x \to 0+}f(x+1)$이므로

함수 $f(x+1)$은 $x=0$에서 불연속이다. (거짓)

ㄷ. $\lim\limits_{x \to -1-}f(x+1)g(x)=\lim\limits_{x \to -1-}f(x+1) \times \lim\limits_{x \to -1-}g(x)$

$=\lim\limits_{t \to 0-}f(t) \times \lim\limits_{x \to -1-}g(x)$

$=0 \times (-1)=0$

$\lim\limits_{x \to -1+}f(x+1)g(x)=\lim\limits_{x \to -1+}f(x+1) \times \lim\limits_{x \to -1+}g(x)$

$=\lim\limits_{t \to 0+}f(t) \times \lim\limits_{x \to -1+}g(x)$

$=0 \times 1=0$

즉, $\lim\limits_{x \to -1}f(x+1)g(x)=0$이고

$f(0)g(-1)=0 \times (-1)=0$이므로

함수 $f(x+1)g(x)$는 $x=-1$에서 연속이다. (참)

따라서 옳은 것은 ㄱ, ㄷ이다.

19 함수 f가 모든 실수 x에서 연속이면 $x=2$에서도 연속이므로

$\lim\limits_{x \to 2}\dfrac{(x^2-x-2)f(x)}{x^2-4}=\lim\limits_{x \to 2}\dfrac{(x+1)(x-2)f(x)}{(x+2)(x-2)}$ ......㉮

$=\lim\limits_{x \to 2}\dfrac{(x+1)f(x)}{x+2}$

$=\dfrac{3}{4}f(2)=12$

$\therefore f(2)=16$ ......㉯

채점 기준	배점
㉮ 주어진 식 인수분해하기	3점
㉯ 답 구하기	3점

20 (1) $\lim\limits_{x \to 1-}f(x)=\lim\limits_{x \to 1-}(3x^2-5x+2)=0$ ......㉮

$\lim\limits_{x \to 1+}f(x)=\lim\limits_{x \to 1+}(x^3-x^2)=0$ ......㉯

$f(1)=0$이므로 $\lim\limits_{x \to 1}f(x)=f(1)$ ......㉰

따라서 함수 $y=f(x)$는 $x=1$에서 연속이다.

채점 기준	배점
㉮ $f(x)$의 $x=1$에서의 좌극한 구하기	1점
㉯ $f(x)$의 $x=1$에서의 우극한 구하기	1점
㉰ $f(x)$의 $x=1$에서의 함숫값과 극한값이 같음을 보이기	1점

(2) $\lim\limits_{h \to 0-} \dfrac{f(1+h)-f(1)}{h} = \lim\limits_{h \to 0-} \dfrac{3(1+h)^2-5(1+h)+2}{h}$

$= \lim\limits_{h \to 0-} \dfrac{3h^2+h}{h}$

$= \lim\limits_{h \to 0-} (3h+1) = 1$ ······㉮

$\lim\limits_{h \to 0+} \dfrac{f(1+h)-f(1)}{h} = \lim\limits_{h \to 0+} \dfrac{(1+h)^3-(1+h)^2}{h}$

$= \lim\limits_{h \to 0+} \dfrac{h^3+2h^2+h}{h}$

$= \lim\limits_{h \to 0+} (h^2+2h+1) = 1$ ······㉯

이므로 $f'(1)$이 존재한다.

따라서 함수 $y=f(x)$는 $x=1$에서 미분가능하다. ······㉰

채점 기준	배점
㉮ 미분계수의 정의로 좌극한 구하기	1점
㉯ 미분계수의 정의로 우극한 구하기	1점
㉰ 함수 $f(x)$가 $x=1$에서 미분가능함을 보이기	1점

┌ 핵심 포인트 ┐

미분가능할 조건

함수 $y=f(x)$가 $x=a$에서 미분가능할 때,

(1) 함수 $y=f(x)$는 $x=a$에서 연속이다.

(2) $\lim\limits_{x \to a-} \dfrac{f(x)-f(a)}{x-a} = \lim\limits_{x \to a+} \dfrac{f(x)-f(a)}{x-a}$

21 $\dfrac{1}{n}=t$로 놓으면 $n \to \infty$일 때, $t \to 0$이므로 ······㉮

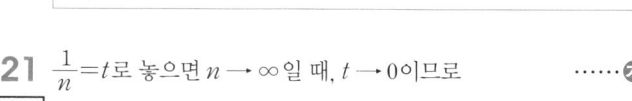

$\lim\limits_{n \to \infty} n\left\{f\left(1+\dfrac{1}{n}\right)-f\left(1-\dfrac{1}{n}\right)\right\}$

$= \lim\limits_{t \to 0} \dfrac{f(1+t)-f(1-t)}{t}$

$= \lim\limits_{t \to 0} \dfrac{f(1+t)-f(1)-\{f(1-t)-f(1)\}}{t}$

$= \lim\limits_{t \to 0} \dfrac{f(1+t)-f(1)}{t} + \lim\limits_{t \to 0} \dfrac{f(1-t)-f(1)}{-t}$

$= f'(1)+f'(1)$

$= 2f'(1)$ ······㉯

이때, $f'(x)=3x^2-4x$이므로

$f'(1)=3-4=-1$

따라서 구하는 값은

$2 \times (-1) = -2$ ······㉰

채점 기준	배점
㉮ $\dfrac{1}{n}=t$로 놓기	2점
㉯ $\lim\limits_{n \to \infty} n\left\{f\left(1+\dfrac{1}{n}\right)-f\left(1-\dfrac{1}{n}\right)\right\}=2f'(1)$임을 보이기	3점
㉰ 답 구하기	1점

22 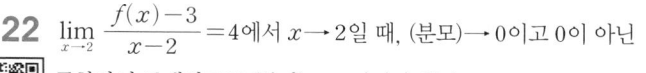 $\lim\limits_{x \to 2} \dfrac{f(x)-3}{x-2}=4$에서 $x \to 2$일 때, (분모)$\to 0$이고 0이 아닌

극한값이 존재하므로 (분자)$\to 0$이어야 한다.

즉, $\lim\limits_{x \to 2}\{f(x)-3\}=0$에서 $\lim\limits_{x \to 2} f(x)=3$ ······㉮

마찬가지로 $\lim\limits_{x \to 2} \dfrac{g(x)-1}{x-2}=2$에서 $\lim\limits_{x \to 2} g(x)=1$ ······㉯

$(x-1)f(x) \leq h(x) \leq (x+1)g(x)$에서

$\lim\limits_{x \to 2} (x-1)f(x) = \lim\limits_{x \to 2} (x+1)g(x) = 3$이므로

$\lim\limits_{x \to 2} h(x) = 3$ ······㉰

채점 기준	배점
㉮ $\lim\limits_{x \to 2} f(x)=3$임을 보이기	3점
㉯ $\lim\limits_{x \to 2} g(x)=1$임을 보이기	3점
㉰ 답 구하기	2점

23 $n=1$일 때, $\lim\limits_{x \to 1} \dfrac{f(x)}{g(x)}=0$ ······㉠

$n=2$일 때, $\lim\limits_{x \to 2} \dfrac{f(x)}{g(x)}=0$ ······㉡

$n=3$일 때, $\lim\limits_{x \to 3} \dfrac{f(x)}{g(x)}=2$ ······㉢

$n=4$일 때, $\lim\limits_{x \to 4} \dfrac{f(x)}{g(x)}=6$ ······㉣

조건 ㈎에서 $g(2)=0$이므로 최고차항의 계수가 1인 삼차함수

$y=g(x)$는 $g(x)=(x-2)(x^2+ax+b)$ $(a, b$는 상수$)$로 놓

을 수 있다. ······㉮

㉠, ㉡에서 $f(x)=(x-1)(x-2)^2$이고 ······㉯

㉢에서 $\dfrac{f(3)}{g(3)}=\dfrac{2}{9+3a+b}=2$이므로

$3a+b+8=0$ ······㉤

㉣에서 $\dfrac{f(4)}{g(4)}=\dfrac{12}{2(16+4a+b)}=6$이므로

$4a+b+15=0$ ······㉥

㉤, ㉥을 연립하여 풀면 $a=-7$, $b=13$ ······㉰

따라서 $g(x)=(x-2)(x^2-7x+13)$이므로

$g(5)=3 \times (25-35+13)=9$ ······㉱

채점 기준	배점
㉮ $g(x)=(x-2)(x^2+ax+b)$로 놓기	2점
㉯ $f(x)=(x-1)(x-2)^2$ 구하기	2점
㉰ $a=-7$, $b=13$ 구하기	2점
㉱ 답 구하기	2점

20○○학년도 2학년 중간고사 (4회)

01 ③	**02** ②	**03** ②	**04** ⑤	**05** ①
06 ②	**07** ⑤	**08** ④	**09** ③	**10** ④
11 ④	**12** ③	**13** ①	**14** ⑤	**15** ②
16 ①	**17** ①	**18** ⑤	**19** 2	

20 $f'(x)=3-x$ **21** 연속이지만 미분가능하지 않다.

22 $\dfrac{3}{2}$ **23** 7

01 $\lim\limits_{x\to 3+}f(x)=7$, $\lim\limits_{x\to 3-}f(x)=3+2k$

$\lim\limits_{x\to 3}f(x)$의 값이 존재하려면

$\lim\limits_{x\to 3+}f(x)=\lim\limits_{x\to 3-}f(x)$이어야 하므로

$7=3+2k$

$\therefore k=2$

02 $\lim\limits_{x\to\infty}\dfrac{ax^3+bx^2-x+2}{3x^2-2x+5}=2$이므로 $a=0$

즉, $\lim\limits_{x\to\infty}\dfrac{bx^2-x+2}{3x^2-2x+5}=\lim\limits_{x\to\infty}\dfrac{b-\dfrac{1}{x}+\dfrac{2}{x^2}}{3-\dfrac{2}{x}+\dfrac{5}{x^2}}=\dfrac{b}{3}=2$

$\therefore b=6$

$\therefore a+b=0+6=6$

03 $x\to 2$일 때 (분모)$\to 0$이고, 극한값이 존재하므로 (분자)$\to 0$이어야 한다.

즉, $\lim\limits_{x\to 2}(a\sqrt{x-1}-1)=a-1=0$에서 $a=1$

$a=1$을 주어진 식에 대입하면

$\lim\limits_{x\to 2}\dfrac{\sqrt{x-1}-1}{x-2}=\lim\limits_{x\to 2}\dfrac{(\sqrt{x-1}-1)(\sqrt{x-1}+1)}{(x-2)(\sqrt{x-1}+1)}$

$\qquad=\lim\limits_{x\to 2}\dfrac{x-2}{(x-2)(\sqrt{x-1}+1)}$

$\qquad=\lim\limits_{x\to 2}\dfrac{1}{\sqrt{x-1}+1}$

$\qquad=\dfrac{1}{2}=b$

$\therefore a-b=1-\dfrac{1}{2}=\dfrac{1}{2}$

04 (i) $\lim\limits_{x\to 1-}f(x)\ne\lim\limits_{x\to 1+}f(x)$이므로

극한값 $\lim\limits_{x\to 1}f(x)$가 존재하지 않아 불연속이다.

(ii) $\lim\limits_{x\to 2-}f(x)=\lim\limits_{x\to 2+}f(x)$이므로 극한값 $\lim\limits_{x\to 2}f(x)$가 존재하지만, $\lim\limits_{x\to 2}f(x)\ne f(2)$이므로 $x=2$에서 불연속이다.

(iii) $\lim\limits_{x\to 3-}f(x)\ne\lim\limits_{x\to 3+}f(x)$이므로

극한값 $\lim\limits_{x\to 3}f(x)$가 존재하지 않아 불연속이다.

따라서 함수 $y=f(x)$의 그래프에서 $x=1$이고 $x=3$일 때 극한값이 존재하지 않으므로 $a=2$, 불연속인 x는 1, 2, 3이므로 $b=3$이다.

$\therefore a+b=5$

05 $f(x)=\begin{cases}x(x-1) & (x<-1 \text{ 또는 } x>1) \\ -x^2+ax+b & (-1\le x\le 1)\end{cases}$

이므로 함수 $f(x)$가 모든 실수 x에 대하여 연속이 되려면 $x=-1$, $x=1$에서 연속이어야 한다.

$x=-1$에서 연속이어야 하므로

$\lim\limits_{x\to -1-}f(x)=\lim\limits_{x\to -1+}f(x)=f(-1)$에서

$2=-1-a+b$

$\therefore a-b=-3$ ······㉠

또 $x=1$에서 연속이어야 하므로

$\lim\limits_{x\to 1-}f(x)=\lim\limits_{x\to 1+}f(x)=f(1)$에서

$-1+a+b=0$

$\therefore a+b=1$ ······㉡

㉠, ㉡을 연립하면 $a=-1$, $b=2$

$\therefore ab=-2$

> **핵심 포인트**
>
> 구간별로 주어진 함수의 연속
>
> 실수 전체의 집합에서 연속인 두 함수 $y=f(x)$, $y=g(x)$에 대하여 함수
>
> $$h(x)=\begin{cases}f(x) & (x<a) \\ g(x) & (x\ge a)\end{cases}$$
>
> 가 모든 실수 x에서 연속이려면 $x=a$에서 연속이면 된다.

06 닫힌구간 $[n,\,n+1]$에서 함수 $y=\sqrt{x}$의 평균변화율은

$a_n=\dfrac{\sqrt{n+1}-\sqrt{n}}{(n+1)-n}=\sqrt{n+1}-\sqrt{n}$

$\therefore\displaystyle\sum_{n=1}^{48}a_n=\sum_{n=1}^{48}(\sqrt{n+1}-\sqrt{n})$

$\qquad=-\displaystyle\sum_{n=1}^{48}(\sqrt{n}-\sqrt{n+1})$

$\qquad=-\{(\sqrt{1}-\sqrt{2})+(\sqrt{2}-\sqrt{3})+(\sqrt{3}-\sqrt{4})+\cdots$

$\qquad\qquad\qquad\qquad\qquad\qquad\quad +(\sqrt{48}-\sqrt{49})\}$

$\qquad=-(\sqrt{1}-\sqrt{49})=6$

07 $\lim\limits_{x\to 2}\dfrac{f(x)}{x-2}=3$에서 $x\to 2$일 때, (분모)$\to 0$이므로

(분자)$\to 0$이어야 한다.

즉, $\lim\limits_{x\to 2}f(x)=0$이므로 $f(2)=0$

$\lim\limits_{x\to 2}\dfrac{f(x)}{x-2}=\lim\limits_{x\to 2}\dfrac{f(x)-f(2)}{x-2}$

$\qquad=f'(2)=3$

$\therefore\lim\limits_{x\to 2}\dfrac{\{f(x)\}^2-4f(x)}{2-x}$

$\qquad=\lim\limits_{x\to 2}\dfrac{f(x)\{4-f(x)\}}{x-2}$

$\qquad=\lim\limits_{x\to 2}\left[\dfrac{f(x)-f(2)}{x-2}\times\{4-f(x)\}\right]$

$\qquad=f'(2)\{4-f(2)\}=3\times 4=12$

08 $\displaystyle\lim_{h \to 0} \frac{f(2+h)-f(2-h)}{h}$

$\displaystyle =\lim_{h \to 0} \frac{f(2+h)-f(2)-\{f(2-h)-f(2)\}}{h}$

$\displaystyle =\lim_{h \to 0} \frac{f(2+h)-f(2)}{h}+\lim_{h \to 0} \frac{f(2-h)-f(2)}{-h}$

$=f'(2)+f'(2)$

$=2f'(2)$

즉, $2f'(2)=8$이므로

$f'(2)=4$

$\dfrac{1}{n}=h$로 놓으면 $n \to \infty$일 때, $h \to 0$이므로

$\displaystyle \lim_{n \to \infty} n\left\{f\left(2+\frac{1}{n}\right)-f(2)\right\}=\lim_{h \to 0}\frac{f(2+h)-f(2)}{h}$
$$=f'(2)=4$$

09 $f(x)=(x^2+1)g(x)$이므로

$f'(x)=2xg(x)+(x^2+1)g'(x)$

$\therefore f'(1)=2g(1)+2g'(1)$

이때, $f'(1)=10$, $g(1)=2$이므로

$10=4+2g'(1)$

$\therefore g'(1)=3$

10 $\displaystyle\lim_{h \to 0} \frac{f(1+2h)-3}{h}=6$에서 $h \to 0$일 때 (분모) $\to 0$이므로

(분자) $\to 0$이어야 한다.

즉, $f(1)-3=0$에서 $f(1)=3$ ……㉠

$\displaystyle \therefore \lim_{h \to 0}\frac{f(1+2h)-3}{h}=\lim_{h \to 0}\frac{f(1+2h)-f(1)}{h}$
$$=\lim_{h \to 0}\frac{f(1+2h)-f(1)}{2h}\times 2$$
$$=2f'(1)=6$$

$\therefore f'(1)=3$ ……㉡

이때, $y'=(4x+1)f(x)+(2x^2+x)f'(x)$이므로

㉠, ㉡에 의하여 $x=1$에서의 미분계수는

$5f(1)+3f'(1)=5\times 3+3\times 3=24$

11 $g(x)=x^2+2x$, $h(x)=bx-1$로 놓으면

$g'(x)=2x+2$, $h'(x)=b$

함수 $f(x)$가 모든 실수에서 미분가능하므로 $x=a$에서도 미분

가능하다. 즉,

$g(a)=h(a)$에서 $a^2+2a=ab-1$ ……㉠

$g'(a)=h'(a)$에서 $2a+2=b$ ……㉡

㉡을 ㉠에 대입하면 $a^2+2a=a(2a+2)-1$

$a^2=1$ $\therefore a=1$ ($\because a>0$)

$a=1$을 ㉡에 대입하면 $b=4$

$\therefore a+b=5$

12 $f(x)=x^3-x+2$라 하면

$f'(x)=3x^2-1$

접점의 좌표를 (t, t^3-t+2)라 하면 접선의 기울기가 2이므로

$f'(t)=3t^2-1=2$, $t^2=1$

$\therefore t=-1$ 또는 $t=1$

즉, 접점의 좌표는 $(-1, 2)$, $(1, 2)$이므로 접선의 방정식은

$y-2=2\{x-(-1)\}$ 또는 $y-2=2(x-1)$

$\therefore y=2x+4$ 또는 $y=2x$

두 접선 사이의 거리는 $y=2x$ 위의 점 $(0, 0)$과 직선

$2x-y+4=0$ 사이의 거리와 같으므로

$\dfrac{|2\times 0-0+4|}{\sqrt{2^2+(-1)^2}}=\dfrac{4\sqrt{5}}{5}$

13 $f(-1)=8$이므로 $1+a-b+a=8$

$\therefore 2a-b=7$ ……㉠

$\displaystyle \lim_{x \to 1}\frac{f(x)-f(1)}{x^3-1}=\lim_{x \to 1}\left\{\frac{f(x)-f(1)}{x-1}\times \frac{1}{x^2+x+1}\right\}$
$$=\frac{1}{3}\times f'(1)=\frac{11}{3}$$

$\therefore f'(1)=11$

이때, $f'(x)=10x^9+2ax+b$이므로

$f'(1)=10+2a+b=11$

$\therefore 2a+b=1$ ……㉡

㉠, ㉡을 연립하여 풀면

$a=2$, $b=-3$

$\therefore a+b=-1$

14 ㄱ. $\displaystyle\lim_{x \to \infty} xf(x)=\alpha$라 하면

$\displaystyle \lim_{x \to \infty} f(x)=\lim_{x \to \infty} xf(x)\times \frac{1}{x}=\lim_{x \to \infty} xf(x)\times \lim_{x \to \infty}\frac{1}{x}$
$$=\alpha \times 0=0 \text{ (참)}$$

ㄴ. [반례] $f(x)=\begin{cases}\dfrac{1}{x} & (x\neq 0)\\ 1 & (x=0)\end{cases}$이라 하면

$\displaystyle \lim_{x \to 0}\frac{1}{f(x)}=\lim_{x \to 0} x=0$이므로 극한값이 존재하지만

$\displaystyle \lim_{x \to 0} f(x)=\lim_{x \to 0}\frac{1}{x}=\infty$이므로 극한값이 존재하지 않는다.

(거짓)

ㄷ. $\displaystyle\lim_{x \to 1} f(x)=\alpha$라 하면

(ⅰ) $\alpha>0$일 때, $\displaystyle\lim_{x \to 1}|f(x)|=\lim_{x \to 1} f(x)=\alpha$

(ⅱ) $\alpha<0$일 때, $\displaystyle\lim_{x \to 1}|f(x)|=\lim_{x \to 1}\{-f(x)\}=-\alpha$

(ⅲ) $\alpha=0$일 때, $\displaystyle\lim_{x \to 1}|f(x)|=\lim_{x \to 1} f(x)=0$

즉, $\displaystyle\lim_{x \to 1} f(x)$의 값이 존재하면 $\displaystyle\lim_{x \to 1}|f(x)|$의 값도 존재한

다. (참)

따라서 옳은 것은 ㄱ, ㄷ이다.

15 $f(x)=2x^3-1$, $g(x)=3x^2-2$로 놓으면

$f'(x)=6x^2$, $g'(x)=6x$

두 곡선이 $x=a$인 점에서 접하므로

$f(a)=g(a)$에서 $2a^3-1=3a^2-2$

$2a^3-3a^2+1=0$, $(a-1)^2(2a+1)=0$

$\therefore a=-\dfrac{1}{2}$ 또는 $a=1$ ……㉠

$f'(a)=g'(a)$에서 $6a^2=6a$

$a(a-1)=0$

$\therefore a=0$ 또는 $a=1$ ······㉡

㉠, ㉡에서 공통인 값은 $a=1$이므로 두 곡선의 접점의 좌표는 $(1,1)$이고, 접선의 기울기는 6이다.

따라서 접선의 방정식은

$y-1=6(x-1)$ $\therefore y=6x-5$

$\therefore m+n=6+(-5)=1$

16 두 함수 $f(x)$, $h(x)$를 $f(x)=x^2+ax+b$ (a, b는 상수),

$h(x)=f(x)g(x)$라 하면 $h(x)$가 실수 전체의 집합에서 연속이므로 $x=0$, $x=2$에서도 연속이다.

(i) $x=0$에서 연속이므로 $h(0)=\lim\limits_{x\to0-}h(x)=\lim\limits_{x\to0+}h(x)$

$h(0)=f(0)g(0)=b\times(-1)=-b$

$\lim\limits_{x\to0-}h(x)=\lim\limits_{x\to0-}f(x)g(x)=b\times(-1)=-b$

$\lim\limits_{x\to0+}h(x)=\lim\limits_{x\to0+}f(x)g(x)=b\times1=b$

즉, $-b=b$이므로 $b=0$

(ii) $x=2$에서 연속이므로 $h(2)=\lim\limits_{x\to2-}h(x)=\lim\limits_{x\to2+}h(x)$

$h(2)=f(2)g(2)=(4+2a)\times1=4+2a$

$\lim\limits_{x\to2-}h(x)=\lim\limits_{x\to2-}f(x)g(x)=(4+2a)\times(-1)=-4-2a$

$\lim\limits_{x\to2+}h(x)=\lim\limits_{x\to2+}f(x)g(x)=(4+2a)\times1=4+2a$

즉, $-4-2a=4+2a$이므로 $a=-2$

(i), (ii)에서 $f(x)=x^2-2x$

$\therefore f(10)=10^2-2\times10=80$

17 $\lim\limits_{x\to1}\dfrac{f(x)-x}{x-1}=0$에서 $x\to1$일 때, (분모)$\to0$이므로 (분자)$\to0$이어야 한다.

$\lim\limits_{x\to1}\{f(x)-x\}=\lim\limits_{x\to1}f(x)-1=0$이므로

$\lim\limits_{x\to1}f(x)=1$, 즉 $\lim\limits_{x\to1+}f(x)=1$

$\lim\limits_{x\to1}\dfrac{x^2-1}{g(x)-4}=2$에서 $x\to1$일 때, (분자)$\to0$이고 0이 아닌 극한값이 존재하므로 (분모)$\to0$이어야 한다.

$\lim\limits_{x\to1}g(x)-4=0$이므로

$\lim\limits_{x\to1}g(x)=4$, 즉 $\lim\limits_{x\to1+}g(x)=4$

$(3x^2-7)f(x)\le h(x)\le(x^2-2x)g(x)$에서

$\lim\limits_{x\to1+}(3x^2-7)f(x)=(-4)\times1=-4$

$\lim\limits_{x\to1+}(x^2-2x)g(x)=(-1)\times4=-4$

$\therefore \lim\limits_{x\to1+}h(x)=-4$

18 $\lim\limits_{x\to0+}\dfrac{x^3f\left(\frac{1}{x}\right)-1}{x^3+x}=5$에서 $\dfrac{1}{x}=t$로 놓으면 $x\to0+$일 때,

$t\to\infty$이므로

$\lim\limits_{x\to0+}\dfrac{x^3f\left(\frac{1}{x}\right)-1}{x^3+x}=\lim\limits_{t\to\infty}\dfrac{\left(\frac{1}{t}\right)^3f(t)-1}{\left(\frac{1}{t}\right)^3+\frac{1}{t}}$

$=\lim\limits_{t\to\infty}\dfrac{f(t)-t^3}{t^2+1}=5$

이때, $f(t)$는 다항함수이므로 $f(t)-t^3$은 이차항의 계수가 5인 이차함수이어야 한다.

즉, $f(t)-t^3=5t^2+at+b$ (a, b는 상수)로 놓으면

$f(t)=t^3+5t^2+at+b$

$\lim\limits_{x\to1}\dfrac{f(x)}{x^2+x-2}=\dfrac{1}{3}$에서 $x\to1$일 때, (분모)$\to0$이므로

(분자)$\to0$이어야 한다.

즉, $f(1)=0$이므로 $6+a+b=0$

$\therefore b=-(a+6)$ ······㉠

이때, $f(x)=x^3+5x^2+ax-(a+6)$이므로

$\lim\limits_{x\to1}\dfrac{x^3+5x^2+ax-(a+6)}{x^2+x-2}=\lim\limits_{x\to1}\dfrac{(x-1)(x^2+6x+a+6)}{(x-1)(x+2)}$

$=\dfrac{a+13}{3}=\dfrac{1}{3}$

$\therefore a=-12$

$a=-12$를 ㉠에 대입하면 $b=6$

따라서 $f(x)=x^3+5x^2-12x+6$이므로

$f(2)=8+20-24+6=10$

19 $x\ne-1$일 때, $f(x)=\dfrac{x^2+4x+3}{x+1}$ ······㉮

함수 $y=f(x)$가 모든 실수 x에 대하여 연속이므로 $x=-1$에서 연속이다.

$\therefore f(-1)=\lim\limits_{x\to-1}f(x)$ ······㉯

$=\lim\limits_{x\to-1}\dfrac{x^2+4x+3}{x+1}$

$=\lim\limits_{x\to-1}\dfrac{(x+1)(x+3)}{x+1}$

$=\lim\limits_{x\to-1}(x+3)=2$ ······㉰

채점 기준	배점
㉮ $f(x)$ 구하기	1점
㉯ $x=-1$에서의 극한값과 함숫값이 같음을 보이기	3점
㉰ 답 구하기	2점

20 $f(x+y)=f(x)+f(y)-xy$에 $y=0$을 대입하면

$f(x)=f(x)+f(0)-0$

$\therefore f(0)=0$ ······㉮

$\therefore f'(x)=\lim\limits_{h\to0}\dfrac{f(x+h)-f(x)}{h}$ ······㉯

$=\lim\limits_{h\to0}\dfrac{f(x)+f(h)-xh-f(x)}{h}$

$=\lim\limits_{h\to0}\dfrac{f(h)-xh}{h}=\lim\limits_{h\to0}\dfrac{f(h)}{h}-x$

$=\lim\limits_{h\to0}\dfrac{f(h)-f(0)}{h}-x$

$=f'(0)-x$

$=3-x$ ······㉰

채점 기준	배점
㉮ $f(0)=0$ 구하기	2점
㉯ 도함수의 정의를 이용하여 식 세우기	3점
㉰ 답 구하기	1점

핵심 포인트

관계식이 주어진 함수의 도함수

① 주어진 식에 $x=0$, $y=0$을 대입하여 $f(0)$의 값을 구한다.

② $f'(x)=\lim\limits_{h\to 0}\dfrac{f(x+h)-f(x)}{h}$ 에서 $f(x+h)$에 주어진 관계식을 대입하여 $f'(x)$를 구한다.

21 (i) $\lim\limits_{x\to 1} f(x)=\lim\limits_{x\to 1}|x^2-1|=0$, $f(1)=0$

이므로

$\lim\limits_{x\to 1} f(x)=f(1)$

따라서 함수 $y=f(x)$는 $x=1$에서 연속이다. ······ ㉮

(ii) $f'(1)=\lim\limits_{h\to 0}\dfrac{f(1+h)-f(1)}{h}$

$=\lim\limits_{h\to 0}\dfrac{|(1+h)^2-1|-|1^2-1|}{h}$

$=\lim\limits_{h\to 0}\dfrac{|h^2+2h|}{h}$

이때,

$\lim\limits_{h\to 0+}\dfrac{|h^2+2h|}{h}=\lim\limits_{h\to 0+}\dfrac{h^2+2h}{h}$

$=\lim\limits_{h\to 0+}(h+2)=2$

$\lim\limits_{h\to 0-}\dfrac{|h^2+2h|}{h}=\lim\limits_{h\to 0-}\dfrac{-h^2-2h}{h}$

$=\lim\limits_{h\to 0-}(-h-2)$

$=-2$

이므로 $f'(1)$은 존재하지 않는다.

따라서 함수 $y=f(x)$는 $x=1$에서 미분가능하지 않다. ······ ㉯

(i), (ii)에서 함수 $f(x)=|x^2-1|$은 $x=1$에서 연속이지만 미분가능하지 않다.

채점 기준	배점
㉮ 연속임을 보이기	3점
㉯ 미분가능하지 않음을 보이기	3점

22 $f(x)=x^3-2x+1$이라 하면

$f'(x)=3x^2-2$

점 $(1, 0)$에서의 접선의 기울기는

$f'(1)=3-2=1$

즉, 점 $P(1, 0)$에서의 접선의 방정식은

$y-0=1\times(x-1)$ $\therefore y=x-1$ ······ ㉮

직선 $y=x-1$이 곡선 $y=f(x)$와 다시 만나는 점의 x좌표는

$x^3-2x+1=x-1$에서 $x^3-3x+2=0$

$(x+2)(x-1)^2=0$

$\therefore x=-2$ 또는 $x=1$

따라서 점 Q의 좌표는 $(-2, -3)$이므로 ······ ㉯

삼각형 OPQ의 넓이는

$\dfrac{1}{2}\times 1\times 3=\dfrac{3}{2}$ ······ ㉰

채점 기준	배점
㉮ 점 P에서의 접선의 방정식 구하기	3점
㉯ 점 Q의 좌표 구하기	3점
㉰ 답 구하기	2점

23 $x\neq -1$일 때, $f(x)=\dfrac{x^3+ax+b}{x+1}$

함수 $y=f(x)$가 모든 실수 x에서 연속이므로 $x=-1$에서도 연속이다.

$\lim\limits_{x\to -1} f(x)=f(-1)$에서

$\lim\limits_{x\to -1}\dfrac{x^3+ax+b}{x+1}=4$ ······ ㉠ ······ ㉮

$x\to -1$일 때, (분모) $\to 0$이므로 (분자) $\to 0$이어야 한다.

$\lim\limits_{x\to -1}(x^3+ax+b)=0$

$-1-a+b=0$

$\therefore b=a+1$ ······ ㉡

㉡을 ㉠에 대입하면

$\lim\limits_{x\to -1}\dfrac{x^3+ax+a+1}{x+1}=\lim\limits_{x\to -1}\dfrac{(x+1)(x^2-x+a+1)}{x+1}$

$=\lim\limits_{x\to -1}(x^2-x+a+1)$

$=a+3=4$

$\therefore a=1$, $b=2$ ······ ㉯

$\therefore f(x)=x^2-x+2=\left(x-\dfrac{1}{2}\right)^2+\dfrac{7}{4}$ (단, $x\neq -1$)

따라서 닫힌구간 $[-1, 1]$에서 함수 $y=f(x)$는

최댓값 $M=f(-1)=4$, 최솟값 $m=f\left(\dfrac{1}{2}\right)=\dfrac{7}{4}$을 갖는다.

$\therefore Mm=7$ ······ ㉰

채점 기준	배점
㉮ $x=-1$에서의 극한값과 함숫값이 같음을 보이기	3점
㉯ $a=1$, $b=2$ 구하기	3점
㉰ 답 구하기	2점

01 $\displaystyle\lim_{x\to1-}f(x)-\lim_{x\to1+}f(x)=1-(-1)=2$

02 $\displaystyle\lim_{x\to2+}\frac{|x-2|}{x-2}=\lim_{x\to2+}\frac{x-2}{x-2}=1$

$\therefore a=1$

$\displaystyle\lim_{x\to2-}\frac{|x-2|}{x-2}=\lim_{x\to2-}\frac{-(x-2)}{x-2}=-1$

$\therefore \beta=-1$

$\therefore a+\beta=1+(-1)=0$

03 $x-3=t$로 놓으면 $x=t+3$이고, $x\to3$일 때 $t\to0$이므로

$\displaystyle\lim_{x\to3}\frac{f(x-3)}{x^2-3x}=\lim_{t\to0}\left\{\frac{f(t)}{t}\times\frac{1}{t+3}\right\}$

$\displaystyle\qquad\qquad=\frac{1}{3}\lim_{t\to0}\frac{f(t)}{t}=4$

$\therefore \displaystyle\lim_{x\to0}\frac{f(x)}{x}=12$

04 $\displaystyle\lim_{x\to1}\frac{\sqrt{x^2+a}-b}{x-1}=\frac{1}{2}$에서 $x\to1$일 때, (분모)$\to0$이므로

(분자)$\to0$이어야 한다.

즉, $\displaystyle\lim_{x\to1}(\sqrt{x^2+a}-b)=0$이므로 $\sqrt{1+a}-b=0$

$\therefore b=\sqrt{1+a}$ ······ ㉠

$\therefore \displaystyle\lim_{x\to1}\frac{\sqrt{x^2+a}-\sqrt{1+a}}{x-1}=\lim_{x\to1}\frac{x^2-1}{(x-1)(\sqrt{x^2+a}+\sqrt{1+a})}$

$\displaystyle\qquad=\lim_{x\to1}\frac{x+1}{\sqrt{x^2+a}+\sqrt{1+a}}$

$\displaystyle\qquad=\frac{1}{\sqrt{1+a}}=\frac{1}{2}$

즉, $\sqrt{1+a}=2$에서 $1+a=4$

$\therefore a=3$

$a=3$을 ㉠에 대입하면 $b=2$

$\therefore ab=6$

05 함수 $f(x)$가 모든 실수 x에서 연속이 되려면 $x=-4$에서 연속이어야 한다.

즉, $\displaystyle\lim_{x\to-4}f(x)=f(-4)$이어야 하므로

$\displaystyle\lim_{x\to-4}\frac{x^2+x-12}{x+4}=\lim_{x\to-4}\frac{(x-3)(x+4)}{x+4}$

$\displaystyle\qquad=\lim_{x\to-4}(x-3)=-7$

$\therefore f(-4)=a=-7$

06 함수 $y=f(x)$의 그래프는 그림과 같다. 함수 $f(x)$는 닫힌구간 $[0,\,3]$에서 연속이므로 최댓값과 최솟값을 갖는다.

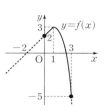

최댓값은 $M=f(1)=3$,

최솟값은 $m=f(3)=-5$

$\therefore M+m=-2$

07 닫힌구간 $[2,\,4]$에서 함수 $f(x)$의 평균변화율이 3이므로

$\dfrac{f(4)-f(2)}{4-2}=\dfrac{(16+4a+b)-(4+2a+b)}{2}$

$\qquad\qquad=\dfrac{12+2a}{2}=6+a=3$

즉, $a=-3$이므로 $f(x)=x^2-3x+b$

따라서 $f'(x)=2x-3$이므로

$f'(3)=3$

08 $h(x)=f(x)g(x)$로 놓으면

$h'(x)=f'(x)g(x)+f(x)g'(x)$

$\therefore h'(3)=f'(3)g(3)+f(3)g'(3)$

$\displaystyle\lim_{x\to3}\frac{f(x)-1}{x-3}$의 극한값이 존재하고,

$x\to3$일 때, (분모)$\to0$이므로 (분자)$\to0$이어야 한다.

즉, $\displaystyle\lim_{x\to3}\{f(x)-1\}=f(3)-1=0$이므로 $f(3)=1$

$\therefore \displaystyle\lim_{x\to3}\frac{f(x)-1}{x-3}=\lim_{x\to3}\frac{f(x)-f(3)}{x-3}=f'(3)=2$

마찬가지 방법으로

$\displaystyle\lim_{x\to3}\frac{g(x)-2}{x-3}=1$에서 $g(3)=2$, $g'(3)=1$

$\therefore h'(3)=f'(3)g(3)+f(3)g'(3)$

$\qquad\quad=2\times2+1\times1=5$

> **핵심 포인트**
>
> 곱의 미분법
>
> 세 함수 $f,\,g,\,h$가 미분가능할 때
>
> (1) $y=f(x)g(x)$ ➡ $y'=f'(x)g(x)+f(x)g'(x)$
>
> (2) $y=f(x)g(x)h(x)$
>
> ➡ $y'=f'(x)g(x)h(x)+f(x)g'(x)h(x)$
> $\qquad\qquad\qquad+f(x)g(x)h'(x)$

09 $g(x)=2x^2+xf(x)$에서

$g'(x)=4x+f(x)+xf'(x)$

$\therefore g'(2)=4\times2+f(2)+2f'(2)$

$\qquad\quad=8+1+2\times(-1)=7$

10 주어진 식에 $x=0$, $y=0$을 대입하면

$f(0)=f(0)-f(0)$에서 $f(0)=0$이므로

$f'(2)=\displaystyle\lim_{h\to0}\frac{f(2-h)-f(2)}{-h}$

$\qquad=\displaystyle\lim_{h\to0}\frac{f(2)-f(h)-f(2)}{-h}$

$\qquad=\displaystyle\lim_{h\to0}\frac{f(h)}{h}=\lim_{h\to0}\frac{f(h)-f(0)}{h}$

$\qquad=f'(0)$

$\therefore f'(0) = -2$

> **핵심 포인트**
>
> **관계식이 주어질 때 미분계수 구하기**
> ① 주어진 식에 $x=0, y=0$을 대입하여 $f(0)$의 값을 구한다.
> ② $f'(a) = \lim\limits_{h \to 0} \dfrac{f(a+h) - f(a)}{h}$ 에서 $f(a+h)$에 주어진 관계식을 대입하여 $f'(a)$의 값을 구한다.

11 $g(x) = xf(x)$에서 $g(1) = f(1)$

$f'(x) = 4x^3 - 6x^2$, $g'(x) = f(x) + xf'(x)$

$\therefore \lim\limits_{h \to 0} \dfrac{f(1+h) - g(1-h)}{3h}$

$= \lim\limits_{h \to 0} \dfrac{f(1+h) - f(1) - \{g(1-h) - g(1)\}}{3h}$

$\qquad\qquad\qquad\qquad (\because f(1) = g(1))$

$= \dfrac{1}{3} \lim\limits_{h \to 0} \dfrac{f(1+h) - f(1)}{h} + \dfrac{1}{3} \lim\limits_{h \to 0} \dfrac{g(1-h) - g(1)}{-h}$

$= \dfrac{1}{3} f'(1) + \dfrac{1}{3} g'(1)$

$= \dfrac{1}{3}(4 - 6) + \dfrac{1}{3}(3 - 2)$

$= -\dfrac{2}{3} + \dfrac{1}{3} = -\dfrac{1}{3}$

[다른 풀이]

$\lim\limits_{h \to 0} \dfrac{f(1+h) - g(1-h)}{3h}$

$= \lim\limits_{h \to 0} \dfrac{f(1+h) - (1-h)f(1-h)}{3h}$

$= \lim\limits_{h \to 0} \dfrac{f(1+h) - f(1-h)}{3h} + \lim\limits_{h \to 0} \dfrac{hf(1-h)}{3h}$

$= \dfrac{2}{3} f'(1) + \dfrac{f(1)}{3}$

$= -\dfrac{4}{3} + 1 = -\dfrac{1}{3}$

12 함수 $f(x)$가 $x = -1$, $x = 1$에서 미분가능해야 하므로

$f(-1) = -a + 2 = -1 - b$, $f(1) = -2 + c = 1 + b$

$f'(-1) = a = 3 + b$, $f'(1) = -2 = 3 + b$

따라서 $a = -2$, $b = -5$, $c = -2$이므로

$f(x) = \begin{cases} -2x + 2 & (x < -1) \\ x^3 - 5x & (-1 \le x < 1) \\ -2x - 2 & (x \ge 1) \end{cases}$

$f(-2) = 4 + 2 = 6$

$f(-1) = -1 + 5 = 4$

$f(2) = -4 - 2 = -6$

$\therefore f(-2) + f(-1) + f(2) = 6 + 4 + (-6) = 4$

13 $f(x) = x^3 - 2x$라 하면

$f'(x) = 3x^2 - 2$

접점의 좌표를 $(t, t^3 - 2t)$라 하면 접선의 기울기는

$f'(t) = 3t^2 - 2$

이므로 접선의 방정식은

$y - (t^3 - 2t) = (3t^2 - 2)(x - t)$

$\therefore y = (3t^2 - 2)x - 2t^3 \quad \cdots\cdots \ \bigcirc$

이 직선이 점 $(0, 2)$를 지나므로

$2 = -2t^3$, $t^3 = -1$ $\quad \therefore t = -1$

$t = -1$을 $\bigcirc$에 대입하면

$y = x + 2$

따라서 점 $(0, 0)$과 직선 $x - y + 2 = 0$ 사이의 거리는

$\dfrac{|0 - 0 + 2|}{\sqrt{1^2 + (-1)^2}} = \sqrt{2}$

14 $f(x) = x^3 + 2x$로 놓으면 $f'(x) = 3x^2 + 2$이므로

$x = a$인 점에서의 접선의 기울기는

$f'(a) = 3a^2 + 2$

즉, 접선의 방정식은

$y - (a^3 + 2a) = (3a^2 + 2)(x - a) \quad \cdots\cdots \ \bigcirc$

$x = 0$을 $\bigcirc$에 대입하면 $y = -2a^3$

따라서 $g(a) = -2a^3$이므로

$\lim\limits_{a \to \infty} \dfrac{g(a+1) - g(a)}{3a^2} = \lim\limits_{a \to \infty} \dfrac{-2(a+1)^3 - (-2a^3)}{3a^2}$

$\qquad\qquad\qquad = \lim\limits_{a \to \infty} \dfrac{-6a^2 - 6a - 2}{3a^2} = -2$

15 함수 $f(x)$가 $x = 1, 2, 3$에서 불연속이므로 $x = 1, 2, 3$에서 함수 $g(x)$의 연속성을 조사해 보면

(i) $\lim\limits_{x \to 1} f(x) = 1$이므로

$\lim\limits_{x \to 1} g(x) = \lim\limits_{x \to 1} (x - 1)f(x)$

$\qquad\quad = \lim\limits_{x \to 1} (x - 1) \times \lim\limits_{x \to 1} f(x)$

$\qquad\quad = 0 \times 1 = 0$

$g(1) = 0$이므로 $\lim\limits_{x \to 1} g(x) = g(1)$

따라서 $y = g(x)$는 $x = 1$에서 연속이다.

(ii) $\lim\limits_{x \to 2+} g(x) = \lim\limits_{x \to 2+} (x - 1)f(x)$

$\qquad\qquad = \lim\limits_{x \to 2+} (x - 1) \times \lim\limits_{x \to 2+} f(x)$

$\qquad\qquad = 1 \times 1$

$\qquad\qquad = 1$

$\lim\limits_{x \to 2-} g(x) = \lim\limits_{x \to 2-} (x - 1)f(x)$

$\qquad\qquad = \lim\limits_{x \to 2-} (x - 1) \times \lim\limits_{x \to 2-} f(x)$

$\qquad\qquad = 1 \times 2$

$\qquad\qquad = 2$

이므로 $\lim\limits_{x \to 2+} g(x) \ne \lim\limits_{x \to 2-} g(x)$

따라서 $\lim\limits_{x \to 2} g(x)$가 존재하지 않으므로 $y = g(x)$는 $x = 2$에서 불연속이다.

(iii) $\lim\limits_{x \to 3} f(x) = 0$이므로

$\lim\limits_{x \to 3} g(x) = \lim\limits_{x \to 3} (x - 1)f(x)$

$\qquad\quad = \lim\limits_{x \to 3} (x - 1) \times \lim\limits_{x \to 3} f(x)$

$\qquad\quad = 2 \times 0$

$\qquad\quad = 0$

$g(3) = 2$이므로 $\lim\limits_{x \to 3} g(x) \ne g(3)$

따라서 $y = g(x)$는 $x = 3$에서 불연속이다.

(i), (ii), (iii)에 의하여 닫힌구간 $[0, 4]$에서 함수 $g(x)$가 불연속이
되는 모든 x의 값의 합은 $2+3=5$

16 $\lim\limits_{x \to 2} \dfrac{g(x)-2x}{x-2}$ 의 값이 존재하고 $x \to 2$일 때,

(분모)$\to 0$이므로 (분자)$\to 0$이어야 한다.

즉, $\lim\limits_{x \to 2}\{g(x)-2x\}=0$이므로 $g(2)-4=0$

$\therefore g(2)=4$ ······ ㉠

$f(x)+x-2=(x-2)g(x)$에서

$f(x)=(x-2)\{g(x)-1\}$

$x=2$를 대입하면 $f(2)=0$이므로

$\lim\limits_{x \to 2} \dfrac{f(x)-f(2)}{x-2}=\lim\limits_{x \to 2}\{g(x)-1\}$

$\qquad\qquad\qquad\quad =g(2)-1=3 \;(\because \text{㉠})$

$\therefore \lim\limits_{x \to 2} \dfrac{f(x)g(x)}{x^2-4}=\lim\limits_{x \to 2}\left\{\dfrac{f(x)}{x-2}\times\dfrac{g(x)}{x+2}\right\}$

$\qquad\qquad\qquad =\lim\limits_{x \to 2}\dfrac{f(x)-f(2)}{x-2}\times\lim\limits_{x \to 2}\dfrac{g(x)}{x+2}$

$\qquad\qquad\qquad =3\times\dfrac{g(2)}{4}=3$

17 $\lim\limits_{x \to \infty} g(x)=\lim\limits_{x \to \infty}\dfrac{f(x)-x^2}{x-1}=2$이므로

$f(x)-x^2=2x+a \;(a\text{는 상수})$로 놓으면

$f(x)=x^2+2x+a$

함수 $g(x)$는 모든 실수 x에서 연속이므로 $x=1$에서도 연속이다.

$\lim\limits_{x \to 1} g(x)=g(1)$에서 $\lim\limits_{x \to 1}\dfrac{2x+a}{x-1}=k$ ······ ㉠

$x \to 1$일 때, (분모)$\to 0$이므로 (분자)$\to 0$이어야 한다.

$\lim\limits_{x \to 1}(2x+a)=2+a=0$

$\therefore a=-2$

따라서 $f(x)=x^2+2x-2$이므로 $f(4)=22$

$a=-2$를 ㉠에 대입하면

$\lim\limits_{x \to 1}\dfrac{2x-2}{x-1}=2=k$

$\therefore k+f(4)=2+22=24$

18 $g(x)=x^3+ax^2+bx+c \;(a, b, c\text{는 상수})$라 하자.

조건 ㈎에서 함수 $f(x)g(x)$가 실수 전체의 집합에서 연속이므
로 $x=1$, $x=-1$에서 연속이어야 한다. 즉,

$\lim\limits_{x \to 1-} f(x)g(x)=\lim\limits_{x \to 1+} f(x)g(x)=f(1)g(1)$에서

$g(1)=0$이므로

$a+b+c=-1$ ······ ㉠

$\lim\limits_{x \to -1-} f(x)g(x)=\lim\limits_{x \to -1+} f(x)g(x)=f(-1)g(-1)$에서

$g(-1)=0$이므로

$a-b+c=1$ ······ ㉡

㉠, ㉡에서 $b=-1$, $c=-a$

$\therefore g(x)=x^3+ax^2-x-a=(x-1)(x+1)(x+a)$

조건 ㈏에서 함수 $f(x)g(x+k)$가 실수 전체의 집합에서 연속
이 되도록 하는 상수 k가 존재하므로 $x=1$, $x=-1$에서 연속이
어야 한다. 즉,

$\lim\limits_{x \to -1-} f(x)g(x+k)=\lim\limits_{x \to -1+} f(x)g(x+k)$

$\qquad\qquad\qquad\qquad =f(-1)g(-1+k)$

에서 $g(-1+k)=0$이므로

$k(k-2)(k+a-1)=0$

$\therefore k=2$ 또는 $k=-a+1 \;(\because k \neq 0)$ ······ ㉢

$\lim\limits_{x \to 1-} f(x)g(x+k)=\lim\limits_{x \to 1+} f(x)g(x+k)=f(1)g(1+k)$

에서 $g(1+k)=0$이므로

$k(k+2)(k+a+1)=0$

$\therefore k=-2$ 또는 $k=-a-1 \;(\because k \neq 0)$ ······ ㉣

㉢, ㉣을 동시에 만족시키는 k의 값이 존재해야 하므로

$-a+1=-2$ 또는 $-a-1=2$

$\therefore a=3$ 또는 $a=-3$

그런데 $g(0)=-a<0$이므로 $a>0$ $\therefore a=3$

따라서 $g(x)=x^3+3x^2-x-3$이므로

$g(3)=27+27-3-3=48$

19 $\lim\limits_{x \to 3}\dfrac{f(x)-1}{x-3}$ 의 극한값이 존재하고,

$x \to 3$일 때, (분모)$\to 0$이므로 (분자)$\to 0$이어야 한다.

즉, $\lim\limits_{x \to 3}\{f(x)-1\}=0$이므로 $f(3)=1$

$\therefore \lim\limits_{x \to 3}\dfrac{f(x)-1}{x-3}=\lim\limits_{x \to 3}\dfrac{f(x)-f(3)}{x-3}=f'(3)=2$ ······ ㉮

$\therefore \lim\limits_{h \to 0}\dfrac{f(3+h)-f(3-h)}{h}$

$=\lim\limits_{h \to 0}\dfrac{f(3+h)-f(3)}{h}+\lim\limits_{h \to 0}\dfrac{f(3-h)-f(3)}{-h}$

$=2f'(3)=2\times 2=4$ ······ ㉯

채점 기준	배점
㉮ $f'(3)=2$ 구하기	3점
㉯ 답 구하기	3점

20 $f(1)=1+a+9+4=a+14$

한편, $f'(x)=3x^2+2ax+9$에서 $f'(1)=2a+12$

점 $(1, a+14)$에서의 접선의 방정식은

$y-(a+14)=(2a+12)(x-1)$

$y=(2a+12)x-a+2$ ······ ㉮

이 접선의 방정식이 $y=2x+b$와 일치하므로

$2a+12=2$, $-a+2=b$

따라서 $a=-5$, $b=7$이므로 $a+b=2$ ······ ㉯

채점 기준	배점
㉮ 접선의 방정식 구하기	3점
㉯ 답 구하기	3점

21 $f'(x)$

$=\lim\limits_{h \to 0}\dfrac{f(x+h)-f(x)}{h}=\lim\limits_{h \to 0}\dfrac{(x+h)^n-x^n}{h}$

$=\lim\limits_{h \to 0}\dfrac{\{(x+h)-x\}\{(x+h)^{n-1}+(x+h)^{n-2}x+\cdots+x^{n-1}\}}{h}$

$=\lim\limits_{h \to 0}\{(x+h)^{n-1}+(x+h)^{n-2}x+\cdots+x^{n-1}\}$

$=x^{n-1}+x^{n-1}+\cdots+x^{n-1}=nx^{n-1}$ ······ ㉮

즉, 함수 $f(x)=x^n$ (n은 양의 정수)의 도함수는 $f'(x)=nx^{n-1}$
이다. ......❸

채점 기준	배점
❷ $f(x)=x^n$ 의 도함수 구하기	4점
❸ 과정을 서술하여 결론 내리기	2점

22 $f(x)$는 이차함수이므로 $f(x)=ax^2+bx+c$ ($a\neq0$)라 하자.
$f'(x)=2ax+b$이므로 $f(x)$, $f'(x)$를 조건 ㈎에 대입하면
$(x+1)(2ax+b)=ax^2+bx+c+2x^2+4x$
$\therefore ax^2+2ax+b-c=2x^2+4x$ ......❷
이 식이 모든 실수 x에 대하여 성립하므로
$a=2$, $b-c=0$
또 $f'(-1)=0$이므로 $-2a+b=-4+b=0$
$\therefore b=4$, $c=4$ ......❸
따라서 $f(x)=2x^2+4x+4$이므로
$f(2)=8+8+4=20$ ......❹

채점 기준	배점
❷ $ax^2+2ax+b-c=2x^2+4x$ 구하기	3점
❸ $a=2$, $b=4$, $c=4$ 구하기	3점
❹ 답 구하기	2점

23 원 C의 반지름의 길이는 두 점 P, O 사이의 거리이므로
$\overline{OP}=\sqrt{t^2+3t}$
즉, 원 C는 반지름의 길이가 $\sqrt{t^2+3t}$ 이므로
$S(t)=(t^2+3t)\pi$ ......❷
이때, 원 C의 중심이 O$(0,0)$이므로 원 C의 방정식은
$x^2+y^2=t^2+3t$
따라서 원 $C:x^2+y^2=t^2+3t$ 위의 점 P에서의 접선의 방정식이
$tx+\sqrt{3t}y=t^2+3t$이므로 접선의 x절편인 점 Q의 좌표는
$(t+3,0)$이다.
$\therefore \overline{OQ}=t+3$, $\overline{PQ}=\sqrt{\{(t+3)-t\}^2+(-\sqrt{3t})^2}=\sqrt{3t+9}$ ......❸

$\therefore \lim_{t\to0+}\dfrac{S(t)}{\overline{OQ}-\overline{PQ}}=\lim_{t\to0+}\dfrac{(t^2+3t)\pi}{(t+3)-\sqrt{3t+9}}$
$=\lim_{t\to0+}\dfrac{(t^2+3t)\pi\times\{(t+3)+\sqrt{3t+9}\}}{(t+3)^2-(3t+9)}$
$=\lim_{t\to0+}\dfrac{(t^2+3t)\pi\times\{(t+3)+\sqrt{3t+9}\}}{t^2+3t}$
$=\pi\times\lim_{t\to0+}\{(t+3)+\sqrt{3t+9}\}=6\pi$ ......❹

채점 기준	배점
❷ $S(t)$ 구하기	2점
❸ $\overline{OQ}$, $\overline{PQ}$ 구하기	3점
❹ 답 구하기	3점

01 ①	02 ②	03 ⑤	04 ④	05 ④
06 ④	07 ⑤	08 ①	09 ②	10 ①
11 ③	12 ⑤	13 ③	14 ②	15 ③
16 ③	17 ④	18 ①	19 -3	20 26
21 $\frac{13}{3}$	22 $y=-4x+9$		23 12	

01 $\lim_{x\to0-}f(x)=\lim_{x\to0-}-x|x|=0$
$\lim_{x\to0+}f(x)=\lim_{x\to0+}\sqrt{2x+1}=1$
$\therefore \lim_{x\to0-}f(x)+\lim_{x\to0+}f(x)=1$

02 $\lim_{x\to\infty}(\sqrt{x^2-x}-\sqrt{x^2+x})$
$=\lim_{x\to\infty}\dfrac{(\sqrt{x^2-x}-\sqrt{x^2+x})(\sqrt{x^2-x}+\sqrt{x^2+x})}{\sqrt{x^2-x}+\sqrt{x^2+x}}$
$=\lim_{x\to\infty}\dfrac{-2x}{\sqrt{x^2-x}+\sqrt{x^2+x}}$
$=\lim_{x\to\infty}\dfrac{-2}{\sqrt{1-\frac{1}{x}}+\sqrt{1+\frac{1}{x}}}=-1$

03 $\lim_{x\to3}\dfrac{f(x)}{x-3}=6$에서 $\lim_{x\to3}f(x)=0$
$f(x)=t$로 놓으면 $x\to3$일 때 $t\to0$이므로
$\lim_{x\to3}\dfrac{f(f(x))}{f(x)}=\lim_{t\to0}\dfrac{f(t)}{t}=6$
$\therefore \lim_{x\to3}\dfrac{f(f(x))}{x^2-9}=\lim_{x\to3}\left\{\dfrac{f(f(x))}{f(x)}\times\dfrac{f(x)}{x-3}\times\dfrac{1}{x+3}\right\}$
$=6\times6\times\dfrac{1}{6}=6$

04 $\lim_{x\to1}\dfrac{x^3-ax+b}{(x-1)^2}=c$에서 $x\to1$일 때, (분모)$\to0$이므로
(분자)$\to0$이어야 한다.
즉, $\lim_{x\to1}(x^3-ax+b)=1-a+b=0$
$\therefore b=a-1$ ......㉠
$\lim_{x\to1}\dfrac{x^3-ax+b}{(x-1)^2}=\lim_{x\to1}\dfrac{x^3-ax+a-1}{(x-1)^2}$
$=\lim_{x\to1}\dfrac{(x-1)(x^2+x-a+1)}{(x-1)^2}$
$=\lim_{x\to1}\dfrac{x^2+x-a+1}{x-1}=c$ ......㉡
㉡에서 $x\to1$일 때, (분모)$\to0$이므로 (분자)$\to0$이어야 한다.
$\lim_{x\to1}(x^2+x-a+1)=1+1-a+1=0$
$\therefore a=3$
$a=3$을 ㉠에 대입하면
$b=2$
$a=3$을 ㉡에 대입하면

$$\lim_{x \to 1} \frac{x^2 + x - 2}{x - 1} = \lim_{x \to 1} \frac{(x-1)(x+2)}{x-1}$$
$$= \lim_{x \to 1}(x+2) = 3$$

$\therefore c = 3$

$\therefore a + b + c = 8$

05 함수 $f(x)$가 모든 실수 x에서 연속이면 $x = 1$, $x = 3$에서도 연속
이다.

(ⅰ) $x = 1$에서 연속이므로

$$\lim_{x \to 1^-} f(x) = \lim_{x \to 1^+} f(x) = f(1)$$

즉, $1 + b + 2 = 1 + a$이므로

$a - b = 2$ ······ ㉠

(ⅱ) $x = 3$에서 연속이므로

$$\lim_{x \to 3^-} f(x) = \lim_{x \to 3^+} f(x) = f(3)$$

즉, $3 + a = 9 + 3b + 2$이므로

$a - 3b = 8$ ······ ㉡

㉠, ㉡을 연립하여 풀면

$a = -1$, $b = -3$

$\therefore a + b = -4$

06 ㄱ. $f(1) = 3$, $\lim_{x \to 1} f(x) = 3$이므로

$$\lim_{x \to 1} f(x) = f(1)$$

즉, 함수 $f(x)$는 $x = 1$에서 연속이다.

ㄴ. $f(1) = 0$, $\lim_{x \to 1} f(x) = 0$이므로

$$\lim_{x \to 1} f(x) = f(1)$$

즉, 함수 $f(x)$는 $x = 1$에서 연속이다.

ㄷ. $x = 1$일 때의 함숫값 $f(1)$이 정의되지 않으므로

함수 $f(x)$는 $x = 1$에서 불연속이다.

ㄹ. $f(1) = 2$, $\lim_{x \to 1} f(x) = \lim_{x \to 1} \frac{x^2 - 1}{x - 1} = \lim_{x \to 1}(x + 1) = 2$이므로

$$\lim_{x \to 1} f(x) = f(1)$$

즉, 함수 $f(x)$는 $x = 1$에서 연속이다.

따라서 $x = 1$에서 연속인 함수는 ㄱ, ㄴ, ㄹ이다.

07 $f(1) = 4$, $f'(1) = 2$이므로

$$\lim_{x \to 1} \frac{x^2 f(1) - f(x^2)}{x - 1}$$
$$= \lim_{x \to 1} \frac{x^2 f(1) - f(1) + f(1) - f(x^2)}{x - 1}$$
$$= \lim_{x \to 1} \frac{x^2 - 1}{x - 1} \times f(1) - \lim_{x \to 1} \frac{f(x^2) - f(1)}{x - 1}$$
$$= \lim_{x \to 1} \frac{x^2 - 1}{x - 1} \times f(1) - \lim_{x \to 1} \left\{ \frac{f(x^2) - f(1)}{x^2 - 1} \times (x + 1) \right\}$$
$$= \lim_{x \to 1}(x + 1)f(1) - 2f'(1)$$
$$= 2f(1) - 2f'(1)$$
$$= 8 - 4 = 4$$

08 점 $(3, 2)$가 곡선 $y = f(x)$ 위의 점이므로 $f(3) = 2$

곡선 $y = f(x)$ 위의 점 $(3, 2)$에서의 접선의 기울기가 $\frac{1}{3}$이므로

$f'(3) = \frac{1}{3}$

$$\therefore a = \lim_{h \to 0} \frac{f(3 + h) - 2}{h}$$
$$= \lim_{h \to 0} \frac{f(3 + h) - f(3)}{h}$$
$$= f'(3) = \frac{1}{3}$$

> **핵심 포인트**
>
> 미분계수의 기하적 의미
> 함수 $y = f(x)$의 $x = a$에서의 미분계수 $f'(a)$는 곡선
> $y = f(x)$ 위의 점 $(a, f(a))$에서의 접선의 기울기와 같다.

09 $f(x) = x^{100} + x^{98} + x^{96} + \cdots + x^4 + x^2$에서

$f'(x) = 100x^{99} + 98x^{97} + 96x^{95} + \cdots + 4x^3 + 2x$

$\therefore f'(-1) = -100 - 98 - 96 - \cdots - 4 - 2$
$\qquad = -(102 \times 25) = -2550$

10 $f(x) = x^3 + ax^2 + b$로 놓으면

$f'(x) = 3x^2 + 2ax$

이때, 점 $(1, 4)$에서의 접선의 기울기가 6이므로

$f(1) = 1 + a + b = 4$

$\therefore a + b = 3$ ······ ㉠

$f'(1) = 3 + 2a = 6$

$\therefore a = \frac{3}{2}$

$a = \frac{3}{2}$을 ㉠에 대입하면

$\frac{3}{2} + b = 3$

$\therefore b = \frac{3}{2}$

$\therefore a + 2b = \frac{3}{2} + 3 = \frac{9}{2}$

11 함수 $f(x)$가 모든 실수에서 미분가능하면 $x = 2$에서 연속이므로

$8 + a = (2 - a)^2 - 8b$ ······ ㉠

$f'(x) = \begin{cases} 3x^2 & (x < 2) \\ 2x - 2a & (x > 2) \end{cases}$ 이고

함수 $f(x)$는 $x = 2$에서 미분가능하므로

$12 = 4 - 2a$

$\therefore a = -4$

$a = -4$를 ㉠에 대입하면 $b = 4$

$\therefore a + b = 0$

12 $\lim_{t \to \infty} f\left(\dfrac{t - 1}{t + 1}\right)$에서 $\dfrac{t - 1}{t + 1} = s$로 놓으면

$s = 1 + \dfrac{-2}{t + 1}$

$t \to \infty$일 때 $s \to 1^-$이므로

$$\lim_{t \to \infty} f\left(\frac{t - 1}{t + 1}\right) = \lim_{s \to 1^-} f(s) = 2$$

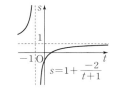

$\lim\limits_{t\to-\infty} f\left(\dfrac{4t-1}{t+1}\right)$ 에서 $\dfrac{4t-1}{t+1}=k$ 로 놓으면

$k=4+\dfrac{-5}{t+1}$

$t\to-\infty$ 일 때 $k\to4+$ 이므로

$\lim\limits_{t\to-\infty} f\left(\dfrac{4t-1}{t+1}\right)=\lim\limits_{k\to4+} f(k)=3$

$\therefore \lim\limits_{t\to\infty} f\left(\dfrac{t-1}{t+1}\right)+\lim\limits_{t\to-\infty} f\left(\dfrac{4t-1}{t+1}\right)=2+3=5$

핵심 포인트

$\dfrac{\infty}{\infty}$ 꼴의 극한

① 분모의 최고차항으로 분모, 분자를 각각 나눈다.

② $\lim\limits_{x\to\infty}\dfrac{c}{x^n}=0$ (n은 자연수, c는 상수)임을 이용한다.

③ $x\to-\infty$일 때, $x=-t$로 놓으면 $t\to\infty$임을 이용한다.

13 $f(x)=x^9-3x^3+10x$라 하면 $f(1)=8$이므로

$\lim\limits_{x\to1}\dfrac{x^9-3x^3+10x-8}{x-1}=\lim\limits_{x\to1}\dfrac{f(x)-f(1)}{x-1}$
$\qquad\qquad\qquad\qquad\qquad =f'(1)$

따라서 $f'(x)=9x^8-9x^2+10$이므로

$f'(1)=9-9+10=10$

14 $f(x)=-3x^2$으로 놓으면 $f'(x)=-6x$

접점의 좌표를 $(a,-3a^2)$이라 하면 접선의 기울기는

$f'(a)=-6a$이므로 접선의 방정식은

$y-(-3a^2)=-6a(x-a)$

$\therefore y=-6ax+3a^2 \quad\cdots\cdots\ \bigcirc$

직선 $\bigcirc$이 점 $(0, 3)$을 지나므로

$3=3a^2 \quad \therefore a=-1$ 또는 $a=1$

즉, $a=-1$, $a=1$을 각각 $\bigcirc$에 대입하면

$y=6x+3$, $y=-6x+3$

이므로 두 직선이 x축과 만나는 점을

$A\left(-\dfrac{1}{2}, 0\right)$, $B\left(\dfrac{1}{2}, 0\right)$이라 하고, y축과

만나는 점을 $C(0, 3)$이라 하면

삼각형 ABC의 넓이는

$\dfrac{1}{2}\times1\times3=\dfrac{3}{2}$

15 함수 $f(x)$가 실수 전체의 집합에서 연속이면 $x=-1$, $x=0$에서도 연속이다.

(ⅰ) $x=0$에서 연속이므로

$\quad \lim\limits_{x\to0-} f(x)=\lim\limits_{x\to0+} f(x)=f(0)$

$\quad \therefore b=-2$

(ⅱ) $x=-1$에서 연속이므로

$\quad \lim\limits_{x\to-1-} f(x)=\lim\limits_{x\to-1+} f(x)=f(-1)$

그런데 $f(x+2)=f(x)$이므로 $\lim\limits_{x\to-1-} f(x)=\lim\limits_{x\to1-} f(x)$

즉, $3+2a+b=-a-2$이므로 $b=-2$를 대입하면 $a=-1$

$\therefore a+b=(-1)+(-2)=-3$

16 조건 ㈎, ㈏에서 $f(0)=0$, $f(3)=0$이므로

$f(x)=x(x-3)Q(x)$ (단, $y=Q(x)$는 다항함수이다.) $\cdots\cdots\ \bigcirc$ 로 놓을 수 있다.

$\bigcirc$을 조건 ㈎에 대입하면

$\lim\limits_{x\to0}\dfrac{x(x-3)Q(x)}{x}=\lim\limits_{x\to0}(x-3)Q(x)$
$\qquad\qquad\qquad\qquad\quad =-3Q(0)=1$

$\therefore Q(0)=-\dfrac{1}{3} \qquad\qquad\qquad \cdots\cdots\ \bigcirc$

$\bigcirc$을 조건 ㈏에 대입하면

$\lim\limits_{x\to3}\dfrac{x(x-3)Q(x)}{x-3}=\lim\limits_{x\to3}xQ(x)$
$\qquad\qquad\qquad\qquad\quad =3Q(3)=3$

$\therefore Q(3)=1 \qquad\qquad\qquad\qquad \cdots\cdots\ \boxdot$

$y=Q(x)$는 다항함수이므로 모든 실수 x에서 연속이고 $\bigcirc$, $\boxdot$에서 $Q(0)Q(3)<0$이므로 사잇값의 정리에 의하여 방정식 $Q(x)=0$은 열린구간 $(0, 3)$에서 적어도 한 개의 실근을 갖는다.

따라서 방정식 $f(x)=0$은 두 실근 0, 3을 갖고, $0<x<3$일 때 적어도 한 개의 실근을 가지므로 닫힌구간 $[0, 4]$에서 적어도 3개의 실근을 갖는다.

17 ㄱ. $\lim\limits_{x\to0}\{x+f(x)\}=0+f(0)=1$이므로

함수 $y=x+f(x)$는 $x=0$에서 연속이다.

$\lim\limits_{x\to0}\dfrac{\{x+f(x)\}-f(0)}{x-0}=\lim\limits_{x\to0}\left\{1+\dfrac{f(x)-f(0)}{x-0}\right\}$

주어진 그래프에서 $\lim\limits_{x\to0}\dfrac{f(x)-f(0)}{x-0}$의 값이 존재하지 않으므로 함수 $y=x+f(x)$는 $x=0$에서 미분가능하지 않다.

ㄴ. $\lim\limits_{x\to0}xf(x)=0\times f(0)=0$이므로

함수 $y=xf(x)$는 $x=0$에서 연속이다.

$\lim\limits_{x\to0}\dfrac{xf(x)-0\times f(0)}{x-0}=\lim\limits_{x\to0}f(x)=1$

즉, 함수 $y=xf(x)$는 $x=0$에서 미분가능하다.

ㄷ. $\lim\limits_{x\to0}\dfrac{1}{1+xf(x)}=\dfrac{1}{1+0\times f(0)}=1$이므로

함수 $y=\dfrac{1}{1+xf(x)}$은 $x=0$에서 연속이다.

$\lim\limits_{x\to0}\dfrac{\dfrac{1}{1+xf(x)}-\dfrac{1}{1+0\times f(0)}}{x-0}$

$=\lim\limits_{x\to0}\dfrac{\dfrac{-xf(x)}{1+xf(x)}}{x}$

$=\lim\limits_{x\to0}\dfrac{-xf(x)}{x\{1+xf(x)\}}$

$=\lim\limits_{x\to0}\dfrac{-f(x)}{1+xf(x)}$

$=\dfrac{-f(0)}{1+0\times f(0)}=-1$

즉, 함수 $y=\dfrac{1}{1+xf(x)}$은 $x=0$에서 미분가능하다.

따라서 $x=0$에서 미분가능한 함수는 ㄴ, ㄷ이다.

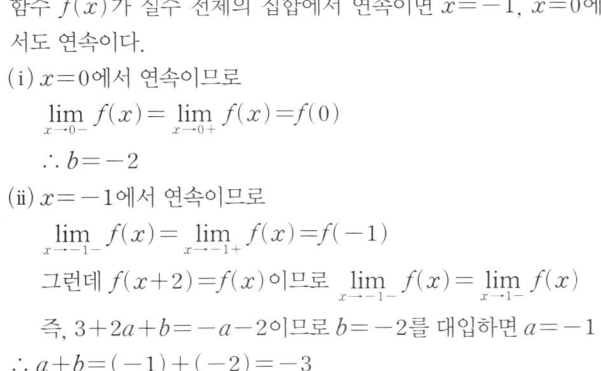

18 함수 $f(x)g(x)$가 모든 실수 x에서 연속이므로 $x=1$, $x=3$에 서도 연속이다.

(ⅰ) $x=1$에서 연속이므로

$$\lim_{x \to 1-} f(x)g(x) = \lim_{x \to 1+} f(x)g(x) = f(1)g(1)$$

$$\lim_{x \to 1-} f(x)g(x) = \lim_{x \to 1-} x^2(x^2+ax+b) = 1+a+b$$

$$\lim_{x \to 1+} f(x)g(x) = \lim_{x \to 1+} (x+1)(x^2+ax+b)$$
$$= 2(1+a+b)$$

$$f(1)g(1) = 2(1+a+b)$$

즉, $1+a+b = 2(1+a+b)$이므로

$$1+a+b = 0 \quad \cdots\cdots\ \bigcirc$$

(ⅱ) $x=3$에서 연속이므로

$$\lim_{x \to 3-} f(x)g(x) = \lim_{x \to 3+} f(x)g(x) = f(3)g(3)$$

$$\lim_{x \to 3-} f(x)g(x) = \lim_{x \to 3-} (x+1)(x^2+ax+b)$$
$$= 4(9+3a+b)$$

$$\lim_{x \to 3+} f(x)g(x) = \lim_{x \to 3+} (x^2-4x+5)(x^2+ax+b)$$
$$= 2(9+3a+b)$$

$$f(3)g(3) = 2(9+3a+b)$$

즉, $4(9+3a+b) = 2(9+3a+b)$이므로

$$9+3a+b = 0 \quad \cdots\cdots\ \bigcirc\!\!\!\bigcirc$$

$\bigcirc$, $\bigcirc\!\!\!\bigcirc$을 연립하여 풀면

$$a=-4, b=3$$

$$\therefore b-a=7$$

19 $\displaystyle\lim_{h \to 0} \frac{f(3-h)-f(3)}{4h} = \lim_{h \to 0} \frac{f(3-h)-f(3)}{-h} \times \left(-\frac{1}{4}\right)$

$$= -\frac{1}{4}f'(3) \quad \cdots\cdots\ ㉮$$

$$= -\frac{1}{4} \times 12 = -3 \quad \cdots\cdots\ ㉯$$

채점 기준	배점
㉮ $f'(a) = \displaystyle\lim_{h \to 0} \frac{f(a+h)-f(a)}{h}$ 꼴 만들기	3점
㉯ 답 구하기	3점

20 주어진 식의 양변에 $x=0$, $y=0$을 대입하면

$$f(0) = f(0)+f(0)-1 \quad \therefore f(0)=1$$

$$f'(x) = \lim_{h \to 0} \frac{f(x+h)-f(x)}{h}$$

$$= \lim_{h \to 0} \frac{f(x)+f(h)+3xh-1-f(x)}{h}$$

$$= \lim_{h \to 0} \frac{f(h)+3xh-1}{h}$$

$$= \lim_{h \to 0} \frac{f(h)-1}{h} + 3x$$

$$= \lim_{h \to 0} \frac{f(h)-f(0)}{h} + 3x$$

$$= f'(0) + 3x \quad \cdots\cdots\ ㉮$$

$x=3$을 대입하면

$$f'(3) = f'(0) + 9$$

$f'(3) = 8$이므로 $f'(0) = -1$ $\quad \cdots\cdots\ ㉯$

따라서 $f'(x) = 3x-1$이므로

$$f'(9) = 3 \times 9 - 1 = 26 \quad \cdots\cdots\ ㉰$$

채점 기준	배점
㉮ $f'(x) = f'(0)+3x$ 구하기	2점
㉯ $f'(0) = -1$ 구하기	2점
㉰ 답 구하기	2점

21 $f(x) = ax^3+bx^2+cx+d$에 대하여 곡선 $y=f(x)$는 두 점 $(0, 1)$, $(3, 4)$를 지나므로

$$f(0) = d = 1 \quad \cdots\cdots\ \bigcirc$$

$$f(3) = 27a+9b+3c+d = 4 \quad \cdots\cdots\ \bigcirc\!\!\!\bigcirc$$

또 $f'(x) = 3ax^2+2bx+c$이므로

점 $(0, 1)$에서의 접선의 기울기는

$$f'(0) = c = 1 \quad \cdots\cdots\ \boxdot$$

점 $(3, 4)$에서의 접선의 기울기는

$$f'(3) = 27a+6b+c = -2 \quad \cdots\cdots\ \boxminus \quad \cdots\cdots\ ㉮$$

$\bigcirc$, $\bigcirc\!\!\!\bigcirc$, $\boxdot$, $\boxminus$을 연립하여 풀면

$$a=-\frac{1}{3}, b=1, c=1, d=1 \quad \cdots\cdots\ ㉯$$

따라서 $f(x) = -\frac{1}{3}x^3+x^2+x+1$이므로

$$f(2) = -\frac{1}{3} \times 8 + 4 + 2 + 1 = \frac{13}{3} \quad \cdots\cdots\ ㉰$$

채점 기준	배점
㉮ $\bigcirc$, $\bigcirc\!\!\!\bigcirc$, $\boxdot$, $\boxminus$ 구하기	2점
㉯ a, b, c, d 구하기	2점
㉰ 답 구하기	2점

22 조건 (나)에서 $x \to 2$일 때, (분모)$\to 0$이므로 (분자)$\to 0$이어야 한다.

즉, $\displaystyle\lim_{x \to 2}\{f(x)-g(x)\} = 0$에서 $f(2) = g(2)$

$$\therefore \lim_{x \to 2} \frac{\{f(x)-f(2)\}-\{g(x)-g(2)\}}{x-2} = f'(2)-g'(2) = 2$$
$$\cdots\cdots\ ㉮$$

조건 (가)에서 $x=2$를 대입하면

$$g(2) = 8f(2)-7$$이므로

$$g(2) = 8g(2)-7 \quad \therefore g(2) = 1 \quad \cdots\cdots\ ㉯$$

조건 (가)의 양변을 x에 대하여 미분하면

$$g'(x) = 3x^2 f(x) + x^3 f'(x)$$

양변에 $x=2$를 대입하면

$$g'(2) = 12f(2) + 8f'(2)$$
$$= 12 \times 1 + 8\{g'(2)+2\} \quad (\because f(2)=g(2)=1)$$
$$= 8g'(2) + 28$$

$$\therefore g'(2) = -4 \quad \cdots\cdots\ ㉰$$

따라서 점 $(2, g(2))$, 즉 점 $(2, 1)$에서의 접선의 방정식은

$$y-1 = -4(x-2)$$

$$\therefore y = -4x+9 \quad \cdots\cdots\ ㉱$$

채점 기준	배점
㉮ $f(2)=g(2)$, $f'(2)-g'(2)=2$ 구하기	2점
㉯ $g(2)=1$ 구하기	2점
㉰ $g'(2)=-4$ 구하기	2점
㉱ 답 구하기	2점

23 $7<x<8$인 x에 대하여 x보다 작은 자연수 중에서 소수는 2, 3, 5, 7의 4개이므로 $f(x)=4$

이때, $2f(x)=8>x$ ($\because 7<x<8$)이므로

$$g(x)=\frac{1}{f(x)}=\frac{1}{4}$$

$\therefore \alpha=\lim_{x\to7+} g(x)=\lim_{x\to7+}\frac{1}{4}=\frac{1}{4}$ ······㉠ ······㉮

$6<x<7$인 x에 대하여 x보다 작은 자연수 중에서 소수는 2, 3, 5의 3개이므로 $f(x)=3$

이때, $2f(x)=6<x$ ($\because 6<x<7$)이므로

$g(x)=f(x)=3$

$\therefore \beta=\lim_{x\to7-} g(x)=\lim_{x\to7-} 3=3$ ······㉡ ······㉯

㉠, ㉡에 의해 $\dfrac{\beta}{\alpha}=12$ ······㉰

채점 기준	배점
㉮ $\alpha=\frac{1}{4}$ 구하기	3점
㉯ $\beta=3$ 구하기	3점
㉰ 답 구하기	2점

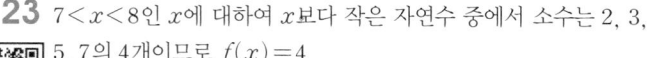

20○○학년도 2학년 중간고사(7회)

01 ①	02 ③	03 ③	04 ⑤	05 ②
06 ④	07 ③	08 ②	09 ②	10 ⑤
11 ④	12 ①	13 ③	14 ①	15 ④
16 ④	17 ②	18 ⑤	19 10	20 $\frac{1}{6}$
21 a	22 17	23 $\frac{1}{2}$		

01 $\displaystyle\lim_{x\to-2}\frac{x^2+5x+6}{x^2+3x+2}=\lim_{x\to-2}\frac{(x+2)(x+3)}{(x+2)(x+1)}$

$$=\lim_{x\to-2}\frac{x+3}{x+1}=-1$$

02 $f(x)=x^3+ax^2+bx+5$에서

$f'(x)=3x^2+2ax+b$

$f'(1)=4$에서 $3+2a+b=4$

$\therefore 2a+b=1$ ······㉠

$f'(-1)=0$에서 $3-2a+b=0$

$\therefore 2a-b=3$ ······㉡

㉠, ㉡을 연립하여 풀면

$a=1$, $b=-1$

$\therefore a+b=0$

03 $\displaystyle\lim_{x\to2+} f(x-1)$에서 $x-1=t$로 놓으면

$x\to2+$일 때, $t\to1+$이므로

$\displaystyle\lim_{x\to2+} f(x-1)=\lim_{t\to1+} f(t)=-1$

$\therefore \displaystyle\lim_{x\to-1} f(x)+\lim_{x\to2+} f(x-1)=1+(-1)=0$

04 $A=\displaystyle\lim_{x\to0+}\frac{4-x^2}{2+|x|}$

$$=\lim_{x\to0+}\frac{(2+x)(2-x)}{2+x}$$

$$=\lim_{x\to0+}(2-x)=2$$

$B=\displaystyle\lim_{x\to0-}\frac{4-x^2}{2+|x|}$

$$=\lim_{x\to0-}\frac{(2+x)(2-x)}{2-x}$$

$$=\lim_{x\to0-}(2+x)=2$$

$\therefore A+B=2+2=4$

05 함수 $f(x)$가 실수 전체의 집합에서 연속이므로 $x=2$에서도 연속이다.

즉, $\displaystyle\lim_{x\to2} f(x)=f(2)$에서

$\displaystyle\lim_{x\to2}\frac{x^2+ax-2}{x-2}=b$ ······㉠

$x\to2$일 때, (분모)$\to0$이고 극한값이 존재하므로 (분자)$\to0$이어야 한다.

즉, $\lim\limits_{x \to 2}(x^2+ax-2)=0$

$\therefore a=-1$

$a=-1$을 ㉠에 대입하면

$\lim\limits_{x \to 2}\dfrac{x^2-x-2}{x-2}=\lim\limits_{x \to 2}\dfrac{(x+1)(x-2)}{x-2}$

$\qquad\qquad\qquad = \lim\limits_{x \to 2}(x+1)=3$

$\therefore b=3$

$\therefore a+b=(-1)+3=2$

06 $\dfrac{f(x)}{g(x)}=\dfrac{4x-3}{x^2+2kx-4k+5}$ 이 모든 실수 x에 대하여 연속이려면

(분모)$\neq0$이어야 한다.

즉, 방정식 $x^2+2kx-4k+5=0$이 실근을 갖지 않아야 한다.

방정식 $x^2+2kx-4k+5=0$의 판별식을 D라 하면

$\dfrac{D}{4}=k^2-(-4k+5)<0$

$k^2+4k-5<0$

$(k+5)(k-1)<0$

$\therefore -5<k<1$

따라서 정수 k의 개수는 $-4, -3, -2, -1, 0$의 5이다.

07 ㄱ. $f(0)=0\times|0|=0$이고,

$\qquad\lim\limits_{x \to 0+}f(x)=\lim\limits_{x \to 0+}x^2=0,$

$\qquad\lim\limits_{x \to 0-}f(x)=\lim\limits_{x \to 0-}(-x^2)=0$

이므로 $\lim\limits_{x \to 0}f(x)=0$

즉, $\lim\limits_{x \to 0}f(x)=f(0)$이므로 함수 $f(x)$는 $x=0$에서

연속이다.

ㄴ. $g(0)=0-|0|=0$이고,

$\qquad\lim\limits_{x \to 0+}g(x)=\lim\limits_{x \to 0+}(x-x)=0,$

$\qquad\lim\limits_{x \to 0-}g(x)=\lim\limits_{x \to 0-}(x+x)=0$

이므로 $\lim\limits_{x \to 0}g(x)=0$

즉, $\lim\limits_{x \to 0}g(x)=g(0)$이므로 함수 $g(x)$는 $x=0$에서

연속이다.

ㄷ. $h(0)=1$이고,

$\qquad\lim\limits_{x \to 0+}h(x)=\lim\limits_{x \to 0+}\dfrac{x^2}{x}=\lim\limits_{x \to 0+}x=0,$

$\qquad\lim\limits_{x \to 0-}h(x)=\lim\limits_{x \to 0-}\dfrac{x^2}{-x}=\lim\limits_{x \to 0-}(-x)=0$

이므로 $\lim\limits_{x \to 0}h(x)=0$

즉, $\lim\limits_{x \to 0}h(x)\neq h(0)$이므로 함수 $h(x)$는 $x=0$에서

불연속이다.

ㄹ. $\lim\limits_{x \to 0+}k(x)=\lim\limits_{x \to 0+}\dfrac{1}{x}=\infty$

$\quad\lim\limits_{x \to 0-}k(x)=\lim\limits_{x \to 0-}\dfrac{1}{x}=-\infty$

즉, $\lim\limits_{x \to 0}k(x)$가 존재하지 않으므로 $x=0$에서 불연속이다.

따라서 $x=0$에서 연속인 것은 ㄱ, ㄴ이다.

08 $\lim\limits_{h \to 0}\dfrac{f(a+h)-f(a-h)}{h}$

$=\lim\limits_{h \to 0}\dfrac{f(a+h)-f(a)-f(a-h)+f(a)}{h}$

$=\lim\limits_{h \to 0}\dfrac{f(a+h)-f(a)}{h}-\lim\limits_{h \to 0}\dfrac{f(a-h)-f(a)}{h}$

$=\lim\limits_{h \to 0}\dfrac{f(a+h)-f(a)}{h}+\lim\limits_{h \to 0}\dfrac{f(a-h)-f(a)}{-h}$

$=2f'(a)=18$

$\therefore f'(a)=9$

$f(x)=x^2-3x+4$에서 $f'(x)=2x-3$이므로

$f'(a)=2a-3=9$

$\therefore a=6$

09 $f(1)=5, f'(1)=7$이므로

$\lim\limits_{x \to 1}\dfrac{xf(1)-f(x)}{x-1}$

$=\lim\limits_{x \to 1}\dfrac{xf(1)-f(1)-\{f(x)-f(1)\}}{x-1}$

$=\lim\limits_{x \to 1}\left\{\dfrac{(x-1)f(1)}{x-1}-\dfrac{f(x)-f(1)}{x-1}\right\}$

$=f(1)-f'(1)$

$=5-7=-2$

10 함수 $f(x)$가 $x=3$에서 미분가능하면 $x=3$에서 연속이므로

$-\dfrac{1}{2}(3-a)^2+b=12$ $\qquad$ ……㉠

$f'(x)=\begin{cases} 2x & (x<3) \\ -x+a & (x>3) \end{cases}$ 이고

함수 $f(x)$는 $x=3$에서 미분가능하므로

$a=9$ $\qquad\qquad$ ……㉡

㉡을 ㉠에 대입하여 풀면 $b=30$

$\therefore f(5)=-\dfrac{1}{2}(5-9)^2+30=22$

11 $f(x)=\dfrac{1}{3}x^3+ax+b$로 놓으면 $f'(x)=x^2+a$

곡선 $y=f(x)$가 점 $(1, 1)$을 지나므로

$1=\dfrac{1}{3}+a+b$

$\therefore a+b=\dfrac{2}{3}$ $\qquad$ ……㉠

또한, 점 $(1, 1)$에서의 접선의 기울기는

$f'(1)=1+a$

이므로 접선의 방정식은

$y-1=(1+a)(x-1)$ $\quad\therefore y=(1+a)x-a$

이 직선이 점 $(-2, 7)$을 지나므로

$7=-2-3a$ $\quad\therefore a=-3$

$a=-3$을 ㉠에 대입하면 $b=\dfrac{11}{3}$

$\therefore 2a+3b=-6+11=5$

12 $f(x)=x^3-2x$로 놓으면 $f'(x)=3x^2-2$

접점의 좌표를 $(t,\ t^3-2t)$라 하면 이 점에서의 접선의 기울기는
$f'(t)=3t^2-2$이므로 접선의 방정식은
$y-(t^3-2t)=(3t^2-2)(x-t)$
$\therefore y=(3t^2-2)x-2t^3$ ......㉠
이 직선이 점 $(1, 3)$을 지나므로 $3=3t^2-2-2t^3$
$2t^3-3t^2+5=0,\ (t+1)(2t^2-5t+5)=0$
이때, $2t^2-5t+5>0$이므로 $t=-1$
$t=-1$을 ㉠에 대입하면 $y=x+2$
따라서 접선의 x절편은 -2, y절편은 2이므로
$ab=(-2)\times2=-4$

13 $\lim\limits_{x\to\infty}\{\sqrt{x^2+2x+3}-(ax-1)\}$

$=\lim\limits_{x\to\infty}\dfrac{\{\sqrt{x^2+2x+3}-(ax-1)\}\{\sqrt{x^2+2x+3}+(ax-1)\}}{\sqrt{x^2+2x+3}+(ax-1)}$

$=\lim\limits_{x\to\infty}\dfrac{(1-a^2)x^2+(2+2a)x+2}{\sqrt{x^2+2x+3}+ax-1}$

$=\lim\limits_{x\to\infty}\dfrac{(1-a^2)x+2+2a+\dfrac{2}{x}}{\sqrt{1+\dfrac{2}{x}+\dfrac{3}{x^2}}+a-\dfrac{1}{x}}$ ......㉠

㉠의 극한값이 존재하므로
$1-a^2=0$
$\therefore a=1\ (\because a>0)$
$a=1$을 ㉠에 대입하면

$\lim\limits_{x\to\infty}\dfrac{4+\dfrac{2}{x}}{\sqrt{1+\dfrac{2}{x}+\dfrac{3}{x^2}}+1-\dfrac{1}{x}}=\dfrac{4}{2}=2=b$

$\therefore a+b=1+2=3$

14 점 $(t,\ \sqrt{t}\ )$에서 두 점 $(1, 0)$, $(2, 0)$까지의 각각의 거리
$d_1,\ d_2$는
$d_1=\sqrt{(t-1)^2+(\sqrt{t}\ )^2}$
$\quad=\sqrt{t^2-t+1}$
$d_2=\sqrt{(t-2)^2+(\sqrt{t}\ )^2}$
$\quad=\sqrt{t^2-3t+4}$
$\therefore \lim\limits_{t\to\infty}(d_1-d_2)=\lim\limits_{t\to\infty}(\sqrt{t^2-t+1}-\sqrt{t^2-3t+4})$

$\qquad\qquad=\lim\limits_{t\to\infty}\dfrac{2t-3}{\sqrt{t^2-t+1}+\sqrt{t^2-3t+4}}$

$\qquad\qquad=\lim\limits_{t\to\infty}\dfrac{2-\dfrac{3}{t}}{\sqrt{1-\dfrac{1}{t}+\dfrac{1}{t^2}}+\sqrt{1-\dfrac{3}{t}+\dfrac{4}{t^2}}}$

$\qquad\qquad=\dfrac{2}{1+1}=1$

15 ㄱ. $\dfrac{f(a)}{a}$는 원점과 점 $(a, f(a))$를
지나는 직선의 기울기이고,
$\dfrac{f(b)}{b}$는 원점과 점 $(b, f(b))$를
지나는 직선의 기울기이므로

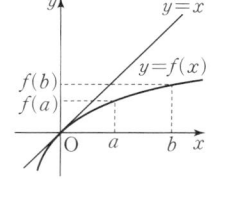

$\dfrac{f(a)}{a}>\dfrac{f(b)}{b}$ ......㉠

$ab>0$이므로 ㉠의 양변에 ab를 곱하면
$bf(a)>af(b)$ $\therefore bf(a)-af(b)>0$ (참)

ㄴ. 두 점 $(a, f(a))$, $(b, f(b))$를 지나는 직선의 기울기는
직선 $y=x$의 기울기인 1보다 작으므로

$\dfrac{f(b)-f(a)}{b-a}<1$ ......㉡

$a<b$에서 $b-a>0$이므로 ㉡의 양변에 $b-a$를 곱하면
$f(b)-f(a)<b-a$ (참)

ㄷ. $f'(a)$는 점 $(a, f(a))$에서의 접선의 기울기이고, $f'(b)$는
점 $(b, f(b))$에서의 접선의 기울기이다.
그런데 점 $(a, f(a))$에서의 접선의 기울기가 점 $(b, f(b))$
에서의 접선의 기울기보다 크므로
$f'(a)>f'(b)$ (거짓)
따라서 옳은 것은 ㄱ, ㄴ이다.

16 조건 ㈎에서 $f(0)=1$, $g(0)=4$이므로 $f(0)g(0)=4$
조건 ㈏에서 $h(x)=f(x)g(x)$라 하면

$\lim\limits_{x\to0}\dfrac{f(x)g(x)-4}{x}=\lim\limits_{x\to0}\dfrac{f(x)g(x)-f(0)g(0)}{x}$

$\qquad\qquad\qquad=\lim\limits_{x\to0}\dfrac{h(x)-h(0)}{x}$

$\qquad\qquad\qquad=h'(0)=0$

$h'(x)=f'(x)g(x)+f(x)g'(x)$이므로
$h'(0)=f'(0)g(0)+f(0)g'(0)$
$\qquad=f'(0)\times4+1\times24\ (\because 조건 ㈎)$
$\qquad=0$
$\therefore f'(0)=-6$

17 함수 $f(x)$는 $x\neq\pm1$인 실수 x에서 연속이고, 함수 $g(x)$는 모
든 실수 x에서 연속이므로
$a\neq\pm1$ ......㉠
$(f\circ g)(x)=f(g(x))$

$\qquad\qquad=\dfrac{\{g(x)\}^3+2g(x)+1}{\{g(x)\}^2-1}$

이므로 $(f\circ g)(x)$는 $\{g(x)\}^2-1=0$인 실수 x에서 불연속이다.
$\{g(x)\}^2-1=0$에서 $(x+4)^2=1,\ x+4=\pm1$
$\therefore x=-5$ 또는 $x=-3$ ......㉡
㉠, ㉡에서 주어진 조건을 만족하는 a의 값은
$a=-5$ 또는 $a=-3$
따라서 구하는 모든 상수 a의 값의 합은 -8이다.

18 다항식 x^3-2ax^2+bx-1을 $(x-1)^2$으로 나눌 때의 몫을
$Q(x)$라 하면
$x^3-2ax^2+bx-1=(x-1)^2Q(x)+2x-1$ ......㉠
㉠의 양변에 $x=1$을 대입하면
$1-2a+b-1=1$ $\therefore 2a-b=-1$ ......㉡
㉠의 양변을 x에 대하여 미분하면
$3x^2-4ax+b=2(x-1)Q(x)+(x-1)^2Q'(x)+2$
양변에 $x=1$을 대입하면

$3-4a+b=2$　　$\therefore 4a-b=1$　　　$\cdots\cdots$㉢

㉡, ㉢을 연립하여 풀면 $a=1$, $b=3$

따라서 다항식 $3x^2-4x+3$을 $x-1$로 나눈 나머지는

$3-4+3=2$

> **핵심 포인트**
>
> 다항식 $f(x)$가 $(x-a)^2$으로 나누어떨어질 때, 몫을 $Q(x)$
> 라 하면
> $$f(x)=(x-a)^2Q(x) \qquad \cdots\cdots ㉠$$
> ㉠의 양변을 x에 대하여 미분하면
> $$f'(x)=2(x-a)Q(x)+(x-a)^2Q'(x) \qquad \cdots\cdots ㉡$$
> ㉠, ㉡에 $x=a$를 각각 대입하면 $f(a)=0$, $f'(a)=0$

19 $f(x)=x^2+x+3$에서 $f'(x)=2x+1$　　　$\cdots\cdots$㉮

$\therefore \displaystyle\lim_{h\to0}\frac{f(2+2h)-f(2)}{h}=\lim_{h\to0}\frac{f(2+2h)-f(2)}{2h}\times2$

$\qquad\qquad =2f'(2)$

$\qquad\qquad =2\times5=10$　　　$\cdots\cdots$㉯

채점 기준	배점
㉮ $f'(x)=2x+1$ 구하기	3점
㉯ 답 구하기	3점

20 $\displaystyle\lim_{x\to0}\frac{g(x-2)}{x}=2$에서 $x-2=t$로 놓으면

$x\to0$일 때 $t\to-2$이므로

$\displaystyle\lim_{x\to0}\frac{g(x-2)}{x}=\lim_{t\to-2}\frac{g(t)}{t+2}=2$

$\therefore \displaystyle\lim_{x\to-2}\frac{g(x)}{x+2}=2$　　　$\cdots\cdots$㉮

$\therefore \displaystyle\lim_{x\to-2}\frac{g(x)}{4f(x)}=\lim_{x\to-2}\frac{\dfrac{g(x)}{x+2}}{4\times\dfrac{f(x)}{x+2}}$

$\qquad\qquad =\dfrac{2}{4\times3}=\dfrac{1}{6}$　　　$\cdots\cdots$㉯

채점 기준	배점
㉮ $\displaystyle\lim_{x\to-2}\frac{g(x)}{x+2}=2$ 구하기	3점
㉯ 답 구하기	3점

21 $f(3x)=3f(x)$의 양변에 $x=1$을 대입하면

$f(3)=3f(1)$

$f(3+h)=f\left(3\left(1+\dfrac{h}{3}\right)\right)=3f\left(1+\dfrac{h}{3}\right)$이므로　$\cdots\cdots$㉮

$f'(3)=\displaystyle\lim_{h\to0}\frac{f(3+h)-f(3)}{h}$

$\qquad =\displaystyle\lim_{h\to0}\frac{3f\left(1+\dfrac{h}{3}\right)-3f(1)}{h}$

$\qquad =\displaystyle\lim_{h\to0}\frac{f\left(1+\dfrac{h}{3}\right)-f(1)}{\dfrac{h}{3}}=f'(1)=a$　$\cdots\cdots$㉯

채점 기준	배점
㉮ $f(3)=3f(1)$, $f(3+h)=3f\left(1+\dfrac{h}{3}\right)$ 구하기	3점
㉯ 답 구하기	3점

22 $x\ne4$일 때,

$\displaystyle\lim_{x\to\infty}\{f(x)-x\}=\lim_{x\to\infty}\left(\frac{x^2+ax+b}{x-4}-x\right)$

$\qquad\qquad =\displaystyle\lim_{x\to\infty}\frac{(a+4)x+b}{x-4}$

$\qquad\qquad =a+4=5$

$\therefore a=1$　　　$\cdots\cdots$㉮

이때, $f(x)$가 $x=4$에서 연속이므로

$\displaystyle\lim_{x\to4}f(x)=f(4)$에서 $\displaystyle\lim_{x\to4}\frac{x^2+x+b}{x-4}=-8+c$　$\cdots\cdots$㉠

$x\to4$일 때, (분모)$\to0$이므로 (분자)$\to0$이어야 한다.

$\displaystyle\lim_{x\to4}(x^2+x+b)=20+b=0$

$\therefore b=-20$　　　$\cdots\cdots$㉯

$b=-20$을 ㉠에 대입하면

$\displaystyle\lim_{x\to4}\frac{x^2+x-20}{x-4}=\lim_{x\to4}\frac{(x-4)(x+5)}{x-4}=\lim_{x\to4}(x+5)=9$

$-8+c=9$이므로 $c=17$　　　$\cdots\cdots$㉰

따라서 함수 $f(x)=\begin{cases}\dfrac{x^2+x-20}{x-4} & (x\ne4) \\ -2x+17 & (x=4)\end{cases}$ 이므로

$f(3)+f(4)=\dfrac{9+3-20}{3-4}+(-8+17)$

$\qquad\qquad =8+9=17$　　　$\cdots\cdots$㉱

채점 기준	배점
㉮ $a=1$ 구하기	2점
㉯ $b=-20$ 구하기	2점
㉰ $c=17$ 구하기	2점
㉱ 답 구하기	2점

23 $\overline{OP}$의 기울기는 p, $\overline{OQ}$의 기울기는 q이고

$\angle POQ=90°$이므로 $pq=-1$

$\therefore \triangle POQ=\dfrac{1}{2}\times\sqrt{p^2+p^4}\times\sqrt{q^2+q^4}$

$\qquad\qquad =\dfrac{1}{2}|p||q|\sqrt{1+p^2}\sqrt{1+q^2}$

$\qquad\qquad =\dfrac{1}{2}\sqrt{1+p^2+q^2+p^2q^2}=\dfrac{1}{2}\sqrt{p^2+q^2+2}$

$\qquad\qquad =\dfrac{1}{2}\sqrt{p^2+q^2-2pq}=\dfrac{1}{2}\sqrt{(p-q)^2}$

$\qquad\qquad =\dfrac{1}{2}(p-q)\ (\because p>q)$　　　$\cdots\cdots$㉮

$f'(x)=2x$이므로 점 $P(p,p^2)$에서의 접선의 방정식은

$y-p^2=2p(x-p)$　　$\therefore y=2px-p^2$　$\cdots\cdots$㉠

점 $Q(q,q^2)$에서의 접선의 방정식은

$y-q^2=2q(x-q)$　　$\therefore y=2qx-q^2$　$\cdots\cdots$㉡

㉠, ㉡에서 $2px-p^2=2qx-q^2$

$\therefore x=\dfrac{p+q}{2}, y=pq=-1$

즉, 두 접선의 교점은 $R\left(\dfrac{p+q}{2}, -1\right)$ ...... ❹

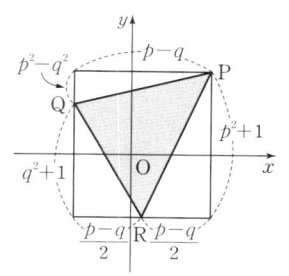

$$\triangle PRQ = (p-q)(p^2+1) - \left\{\dfrac{1}{2} \times \dfrac{p-q}{2} \times (q^2+1)\right.$$
$$\left.+\dfrac{1}{2} \times \dfrac{p-q}{2} \times (p^2+1) + \dfrac{1}{2}(p-q)(p^2-q^2)\right\}$$
$$= (p-q)(p^2+1)$$
$$-\dfrac{1}{4}(p-q)\left\{(q^2+1)+(p^2+1)+2(p^2-q^2)\right\}$$
$$= (p-q)(p^2+1) - \dfrac{1}{4}(p-q)(3p^2-q^2+2)$$
$$= \dfrac{1}{4}(p-q)(p^2+q^2+2) = \dfrac{1}{4}(p-q)(p^2+q^2-2pq)$$
$$= \dfrac{1}{4}(p-q)^3 \qquad \text{......} ❸$$

$$\therefore \dfrac{\triangle POQ}{\triangle PRQ} = \dfrac{\dfrac{1}{2}(p-q)}{\dfrac{1}{4}(p-q)^3} = \dfrac{2}{p^2-2pq+q^2}$$
$$= \dfrac{2}{p^2+2+\dfrac{1}{p^2}} \quad (\because pq=-1) \qquad \text{......} ❹$$

이때, $p^2+2+\dfrac{1}{p^2}$ 의 값이 최소이어야 하므로 산술평균과 기하평균의 관계에 의하여

$$p^2+\dfrac{1}{p^2} \geq 2\sqrt{p^2 \times \dfrac{1}{p^2}} = 2$$

$$\left(\text{단, 등호는 } p=\dfrac{1}{p}, \text{ 즉 } p=1\text{일 때 성립한다.}\right)$$

따라서 $\dfrac{\triangle POQ}{\triangle PRQ}$ 의 최댓값은 ❹에서

$$\dfrac{2}{p^2+\dfrac{1}{p^2}+2} = \dfrac{2}{2+2} = \dfrac{1}{2} \qquad \text{......} ❹$$

채점 기준	배점
❹ $\triangle POQ = \dfrac{1}{2}(p-q)$ 구하기	2점
❹ $R\left(\dfrac{p+q}{2}, -1\right)$ 구하기	2점
❹ $\triangle PRQ = \dfrac{1}{4}(p-q)^3$ 구하기	2점
❹ 답 구하기	2점

핵심 포인트

산술평균과 기하평균의 관계

$a>0$, $b>0$일 때, $\dfrac{a+b}{2} \geq \sqrt{ab}$

(단, 등호는 $a=b$일 때 성립한다.)

20○○학년도 2학년 중간고사 (8회)				
01 ②	02 ⑤	03 ⑤	04 ③	05 ②
06 ①	07 ④	08 ③	09 ④	10 ②
11 ③	12 ④	13 ②	14 ①	15 ⑤
16 ③	17 ①	18 ⑤	19 1	20 −3
21 22	22 x^3+x^2-x+1		23 $\dfrac{5}{2}$	

01 $\lim\limits_{x \to -2} \dfrac{\sqrt{x^2-3}-1}{x+2} = \lim\limits_{x \to -2} \dfrac{x^2-4}{(x+2)(\sqrt{x^2-3}+1)}$
$$= \lim\limits_{x \to -2} \dfrac{x-2}{\sqrt{x^2-3}+1}$$
$$= \dfrac{-4}{2} = -2$$

02 $\lim\limits_{x \to 1} \dfrac{x-1}{x^2+ax+b} = \dfrac{1}{6}$에서 $x \to 1$일 때, (분자)$\to 0$이고 0이 아닌 극한값이 존재하므로 (분모)$\to 0$이어야 한다.

즉, $\lim\limits_{x \to 1}(x^2+ax+b)=0$이므로 $1+a+b=0$

$\therefore b=-a-1$ ...... ㉠

㉠을 주어진 식에 대입하면

$$\lim\limits_{x \to 1} \dfrac{x-1}{x^2+ax+b} = \lim\limits_{x \to 1} \dfrac{x-1}{x^2+ax-a-1}$$
$$= \lim\limits_{x \to 1} \dfrac{x-1}{(x-1)(x+a+1)}$$
$$= \lim\limits_{x \to 1} \dfrac{1}{x+a+1}$$
$$= \dfrac{1}{2+a} = \dfrac{1}{6}$$

$\therefore a=4$

$a=4$를 ㉠에 대입하면 $b=-5$

$\therefore a-b=9$

03 $f(x)=t$로 놓으면

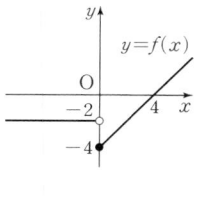

$x \to 0-$일 때 $t=-2$이므로
$$\lim\limits_{x \to 0-} f(f(x)) = f(-2) = -2$$
또 $x \to 4+$일 때 $t \to 0+$이므로
$$\lim\limits_{x \to 4+} f(f(x)) = \lim\limits_{t \to 0+} f(t)$$
$$= \lim\limits_{t \to 0+} (t-4) = -4$$
$$\therefore \lim\limits_{x \to 0-} f(f(x)) - \lim\limits_{x \to 4+} f(f(x)) = (-2)-(-4) = 2$$

04 함수 $f(x)$가 모든 실수 x에서 연속이려면 $x=a$, $x=b$에서 연속이어야 한다.

(i) $x=a$에서 연속이어야 하므로
$$\lim\limits_{x \to a+} f(x) = \lim\limits_{x \to a-} f(x) = f(a) \text{에서}$$
$$a^2-2a-6 = -2a-2, \quad a^2=4$$
$$\therefore a=-2 \text{ 또는 } a=2$$

(ii) $x=b$에서 연속이어야 하므로

$\lim\limits_{x \to b+} f(x) = \lim\limits_{x \to b-} f(x) = f(b)$에서

$-2b-2 = b^2 - 2b - 6$, $b^2 = 4$

$\therefore b = -2$ 또는 $b = 2$

주어진 조건에서 $a < b$이므로

$a = -2$, $b = 2$

$\therefore a^2 + b^2 = 4 + 4 = 8$

05 두 다항함수 $y = f(x)$와 $y = g(x)$는 모든 실수에서 연속이므로

함수 $h(x) = \dfrac{f(x)}{g(x)}$가 모든 실수에서 연속이 되려면 임의의 실수

x에 대하여 $g(x) = x^2 - ax + 2a \neq 0$이어야 한다.

이차방정식 $x^2 - ax + 2a = 0$의 판별식을 D라 하면

$D = a^2 - 8a < 0$에서 $a(a-8) < 0$

$\therefore 0 < a < 8$

06 x의 값이 1에서 a까지 변할 때의 평균변화율이 8이므로

$\dfrac{f(a) - f(1)}{a - 1} = \dfrac{a^3 + a - 2}{a - 1}$

$\qquad = \dfrac{(a-1)(a^2 + a + 2)}{a - 1}$

$\qquad = a^2 + a + 2 = 8$

$a^2 + a - 6 = 0$, $(a+3)(a-2) = 0$

$\therefore a = 2$ $(\because a > 1)$

07 미분계수는 접선의 기울기이고,

평균변화율은 두 점을 이은 직선의

기울기이다.

따라서 직선의 기울기 중에서 가장

큰 것은 ④이다.

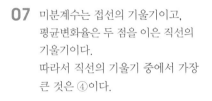

08 $f(x) = x^2 - x + 2$에서

$f'(x) = 2x - 1$이므로

$\lim\limits_{x \to 3} \dfrac{f(x) - f(3)}{x^2 - 9} = \lim\limits_{x \to 3} \left\{ \dfrac{f(x) - f(3)}{x - 3} \times \dfrac{1}{x + 3} \right\}$

$\qquad\qquad = \dfrac{1}{6} f'(3)$

$\qquad\qquad = \dfrac{1}{6}(6 - 1) = \dfrac{5}{6}$

09 $(x-1)f(x) = x^3 - x^2 + x - 1$ $\qquad$ ······ ㉠

㉠의 양변에 $x = 2$를 대입하면

$f(2) = 5$

㉠의 양변을 x에 대하여 미분하면

$f(x) + (x-1)f'(x) = 3x^2 - 2x + 1$ $\qquad$ ······ ㉡

㉡의 양변에 $x = 2$를 대입하면

$f(2) + f'(2) = 9$

$5 + f'(2) = 9$

$\therefore f'(2) = 4$

10 $f(x) = 2x^2 + ax + b$라 하면 곡선 $y = f(x)$가 점 $(1, 2)$를 지나므로

$f(1) = 2 + a + b = 2$

$\therefore a + b = 0$ $\qquad$ ······ ㉠

또 $f'(x) = 4x + a$이고, 점 $(1, 2)$에서의 접선의 기울기가 3이므로

$f'(1) = 4 + a = 3$ $\qquad \therefore a = -1$

$a = -1$을 ㉠에 대입하면 $b = 1$

$\therefore a - b = -2$

11 $\lim\limits_{x \to -1} \dfrac{f(x)}{x + 1} = 1$에서 $x \to -1$일 때 (분모)$\to 0$이고, 극한값이 존재하므로 (분자)$\to 0$이어야 한다.

$\therefore f(-1) = 0$ $\qquad$ ······ ㉠

$\lim\limits_{x \to \infty} \dfrac{f(x)}{x^2 - 1} = 2$이므로 $f(x)$는 이차항의 계수가 2인 이차함수이어야 한다.

즉, $f(x) = 2x^2 + ax + b$ (a, b는 상수)로 놓으면 ㉠에서

$2 - a + b = 0$이므로

$b = a - 2$ $\qquad$ ······ ㉡

$\lim\limits_{x \to -1} \dfrac{2x^2 + ax + a - 2}{x + 1} = \lim\limits_{x \to -1} \dfrac{(2x + a - 2)(x + 1)}{x + 1}$

$\qquad\qquad = \lim\limits_{x \to -1}(2x + a - 2)$

$\qquad\qquad = a - 4 = 1$

$\therefore a = 5$, $b = 3$ $(\because$ ㉡$)$

따라서 $f(x) = 2x^2 + 5x + 3$이므로

$\lim\limits_{x \to \infty} f\left(\dfrac{1}{x}\right) = \lim\limits_{x \to \infty}\left(\dfrac{2}{x^2} + \dfrac{5}{x} + 3\right) = 3$

12 함수 $f(x)$가 $x = n$에서 연속이므로

$\lim\limits_{x \to n} f(x) = f(n)$

(i) $n - 1 \leq x < n$일 때, $[x] = n - 1$ $(n \neq 1)$이므로

$\lim\limits_{x \to n-} f(x) = \lim\limits_{x \to n-} \dfrac{[x]^2 + 3x}{[x]}$

$\qquad\qquad = \dfrac{(n-1)^2 + 3n}{n - 1}$

$\qquad\qquad = \dfrac{n^2 + n + 1}{n - 1}$

(ii) $n \leq x < n + 1$일 때, $[x] = n$이므로

$\lim\limits_{x \to n+} f(x) = \lim\limits_{x \to n+} \dfrac{[x]^2 + 3x}{[x]}$

$\qquad\qquad = \dfrac{n^2 + 3n}{n}$

$\qquad\qquad = n + 3$

이때, 극한값 $\lim\limits_{x \to n} f(x)$가 존재하므로

$\dfrac{n^2 + n + 1}{n - 1} = n + 3$

$n^2 + n + 1 = n^2 + 2n - 3$

$\therefore n = 4$

따라서 $\lim\limits_{x \to 4} f(x) = f(4) = 7$이므로 함수 $f(x)$는 $x = 4$에서 연속이다.

13 ㄱ. $\lim\limits_{x \to 0} f(x) = f(0) = 0$이므로 함수 $y = f(x)$는 $x = 0$에서 연속이다.

$$\lim_{h \to 0+} \frac{f(0+h)-f(0)}{h} = \lim_{h \to 0+} \frac{h+|h|-0}{h}$$
$$= \lim_{h \to 0+} \frac{h+h}{h} = 2$$

$$\lim_{h \to 0-} \frac{f(0+h)-f(0)}{h} = \lim_{h \to 0-} \frac{h+|h|-0}{h}$$
$$= \lim_{h \to 0-} \frac{h-h}{h} = 0$$

이므로 함수 $y=f(x)$는 $x=0$에서 미분가능하지 않다.

ㄴ. $x=0$일 때, $f(0)$이 정의되지 않는다.
따라서 함수 $y=f(x)$는 $x=0$에서 불연속이므로
$x=0$에서 미분가능하지 않다.

ㄷ. $f(x)=x|x|=\begin{cases} x^2 & (x \geq 0) \\ -x^2 & (x<0) \end{cases}$ 이므로

$$\lim_{h \to 0+} \frac{f(0+h)-f(0)}{h} = \lim_{h \to 0+} \frac{(0+h)^2-0}{h}$$
$$= \lim_{h \to 0+} h = 0$$

$$\lim_{h \to 0-} \frac{f(0+h)-f(0)}{h} = \lim_{h \to 0-} \frac{-(0+h)^2-0}{h}$$
$$= \lim_{h \to 0-} (-h) = 0$$

$$\therefore f'(0)=0$$

따라서 함수 $y=f(x)$는 $x=0$에서 미분가능하다.

ㄹ. $-1 \leq x < 0$일 때, $[x]=-1$
$0 \leq x < 1$일 때, $[x]=0$이므로

$$\lim_{h \to 0+} \frac{f(0+h)-f(0)}{h} = \lim_{h \to 0+} \frac{0-0}{h} = 0$$

$$\lim_{h \to 0-} \frac{f(0+h)-f(0)}{h} = \lim_{h \to 0-} \frac{-(0+h)-0}{h}$$
$$= \lim_{h \to 0-} \frac{-h}{h}$$
$$= -1$$

즉, $f'(0)$이 존재하지 않으므로 함수 $y=f(x)$는
$x=0$에서 미분가능하지 않다.

따라서 $x=0$에서 미분가능한 것은 ㄷ뿐이다.

핵심 포인트

미분가능할 조건
함수 $y=f(x)$가 $x=a$에서 미분가능할 때,
(1) 함수 $y=f(x)$는 $x=a$에서 연속이다.
(2) $\lim_{x \to a-} \dfrac{f(x)-f(a)}{x-a} = \lim_{x \to a+} \dfrac{f(x)-f(a)}{x-a}$

14 $\lim_{x \to 2} \dfrac{f(x)-15}{x-2}=21$에서 $x \to 2$일 때, (분모)$\to 0$이므로
(분자)$\to 0$이어야 한다.
즉, $\lim_{x \to 2} \{f(x)-15\}=0$에서
$f(2)=8+4a+2b-3=15$
$\therefore 2a+b=5$ ……㉠
$\lim_{x \to 2} \dfrac{f(x)-15}{x-2} = \lim_{x \to 2} \dfrac{f(x)-f(2)}{x-2} = 21$에서
$f'(2)=21$
$f'(x)=3x^2+2ax+b$이므로

$f'(2)=12+4a+b=21$
$\therefore 4a+b=9$ ……㉡
㉠, ㉡을 연립하여 풀면 $a=2$, $b=1$
따라서 $f'(x)=3x^2+4x+1$이므로

$$\lim_{h \to 0} \frac{f(1+h)-f(1-h)}{h}$$
$$= \lim_{h \to 0} \frac{f(1+h)-f(1)-\{f(1-h)-f(1)\}}{h}$$
$$= \lim_{h \to 0} \frac{f(1+h)-f(1)}{h} + \lim_{h \to 0} \frac{f(1-h)-f(1)}{-h}$$
$$= 2f'(1) = 2 \times 8 = 16$$

15 $f(x)=x^3+ax^2+bx$, $g(x)=x^2+cx$에서
$f'(x)=3x^2+2ax+b$, $g'(x)=2x+c$
두 곡선 $y=f(x)$, $y=g(x)$가 점 $(1, 0)$에서 접하므로
$f(1)=0$에서 $1+a+b=0$
$\therefore a+b=-1$ ……㉠
$g(1)=0$에서 $1+c=0$
$\therefore c=-1$ ……㉡
$f'(1)=g'(1)$에서
$3+2a+b=2+c$
이 식에 ㉡을 대입하여 정리하면
$2a+b=-2$ ……㉢
㉠, ㉢을 연립하여 풀면
$a=-1$, $b=0$
따라서 $f(x)=x^3-x^2$, $g(x)=x^2-x$이므로
$f(-1)+g(3)=(-2)+6=4$

핵심 포인트

두 곡선의 공통접선
두 곡선 $y=f(x)$, $y=g(x)$가 점 (a, b)에서 공통접선을
가지면
(i) $x=a$인 점에서 두 곡선이 만난다.
$\iff f(a)=g(a)=b$
(ii) $x=a$인 점에서의 두 곡선의 접선의 기울기가 같다.
$\iff f'(a)=g'(a)$

16 $f(-1)=2$, $f(0)=2$, $f(2)=2$에서
$f(-1)-2=0$, $f(0)-2=0$, $f(2)-2=0$이므로
$f(x)-2=ax(x+1)(x-2)$ $(a \neq 0$인 상수$)$로 놓으면

ㄱ. $\lim_{x \to 2} \dfrac{x-2}{f(x)-2} = \lim_{x \to 2} \dfrac{x-2}{ax(x+1)(x-2)}$
$$= \lim_{x \to 2} \frac{1}{ax(x+1)} = \frac{1}{6a}$$

ㄴ. $\lim_{x \to 2} \dfrac{f(x)-2}{f(x-2)} = \dfrac{f(2)-2}{f(0)}$
$$= \frac{2-2}{2} = 0$$

ㄷ. $x \to 2$일 때, (분모)$\to 0$, (분자)$\to 2$이므로 $\dfrac{2}{0}$ 꼴이다.

즉, $\lim_{x \to 2+} \dfrac{f(x-2)}{x-2} = \infty$, $\lim_{x \to 2-} \dfrac{f(x-2)}{x-2} = -\infty$이므로

극한값이 존재하지 않는다.
따라서 극한값이 존재하는 것은 ㄱ, ㄴ이다.

17 $y'=3x^2$이므로 점 $A(a, a^3)$에서의 접선의 방정식은
$y-a^3=3a^2(x-a)$
즉, $y=3a^2x-2a^3$이므로 점 B의
좌표는 $B(0, -2a^3)$
또 점 A에서의 접선과 수직인 직선의

기울기는 $-\dfrac{1}{3a^2}$이므로 직선의 방정식은

$y-a^3=-\dfrac{1}{3a^2}(x-a)$

즉, $y=-\dfrac{1}{3a^2}x+\dfrac{1}{3a}+a^3$이므로 점 C의 좌표는

$C\left(0, \dfrac{1}{3a}+a^3\right)$

$\therefore S=\dfrac{1}{2}\left|\left(\dfrac{1}{3a}+a^3+2a^3\right)\times a\right|=\dfrac{1}{6}+\dfrac{3}{2}a^4$

$\therefore \lim_{a\to 0} S=\lim_{a\to 0}\left(\dfrac{1}{6}+\dfrac{3}{2}a^4\right)=\dfrac{1}{6}$

18 $f(x)$의 최고차항을 $ax^n (a\neq 0)$이라 하면
$\lim_{x\to\infty}\dfrac{\{f(x)\}^2-f(x^2)}{x^3 f(x)}=4$에서
분모와 분자의 차수는 같고 최고차항의 계수의 비는 4이다.
즉, $2n=n+3$에서 $n=3$
또 $\dfrac{a^2-a}{a}=4$에서 $a=5$
$\therefore f(x)=5x^3+bx^2+cx+d$ (단, b, c, d는 상수)
$\therefore f'(x)=15x^2+2bx+c$
(나)에서 $\lim_{x\to 0}\dfrac{f'(x)}{x}=\lim_{x\to 0}\dfrac{15x^2+2bx+c}{x}=4$이고,
$x\to 0$일 때 (분모) $\to 0$이므로 (분자) $\to 0$이어야 한다.
즉, $\lim_{x\to 0}(15x^2+2bx+c)=c=0$이므로
$f'(x)=15x^2+2bx$
$\therefore \lim_{x\to 0}\dfrac{f'(x)}{x}=\lim_{x\to 0}\dfrac{15x^2+2bx}{x}$
$=\lim_{x\to 0}\dfrac{x(15x+2b)}{x}$
$=\lim_{x\to 0}(15x+2b)$
$=2b=4$
즉, $b=2$이므로 $f'(x)=15x^2+4x$
$\therefore f'(1)=15+4=19$

19 $\lim_{x\to 0}\dfrac{2x}{x^2+f(x)}=\lim_{x\to 0}\dfrac{2}{x+\dfrac{f(x)}{x}}$ ……㉮

$=\dfrac{2}{0+2}=1$ ……㉯

채점 기준	배점
㉮ $\lim_{x\to 0}\dfrac{2}{x+\dfrac{f(x)}{x}}$로 만들기	3점
㉯ 답 구하기	3점

20 $x\neq 0$, $x\neq 1$일 때, $f(x)=\dfrac{2x^3-5x^2+3x}{x^2-x}$ ……㉮

함수 $f(x)$가 실수 전체의 집합에서 연속이므로 $x=0$에서도 연속
이다. 즉, $f(0)=\lim_{x\to 0}f(x)$이므로

$f(0)=\lim_{x\to 0}\dfrac{2x^3-5x^2+3x}{x^2-x}$

$=\lim_{x\to 0}\dfrac{x(x-1)(2x-3)}{x(x-1)}$

$=\lim_{x\to 0}(2x-3)$

$=-3$ ……㉯

채점 기준	배점
㉮ $f(x)=\dfrac{2x^3-5x^2+3x}{x^2-x}$ 구하기	3점
㉯ 답 구하기	3점

21 $\lim_{x\to 2}\dfrac{f(x+1)-6}{x^2-4}$의 극한값이 존재하고,

$x\to 2$일 때, (분모) $\to 0$이므로 (분자) $\to 0$이어야 한다.
즉, $\lim_{x\to 2}\{f(x+1)-6\}=0$이므로 $f(3)=6$ ……㉮
$x+1=t$로 놓으면 $x\to 2$일 때, $t\to 3$이므로

$\lim_{x\to 2}\dfrac{f(x+1)-6}{x^2-4}=\lim_{t\to 3}\dfrac{f(t)-f(3)}{t^2-2t-3}$

$=\lim_{t\to 3}\dfrac{f(t)-f(3)}{t-3}\times\lim_{t\to 3}\dfrac{1}{t+1}$

$=\dfrac{1}{4}f'(3)=4$

$\therefore f'(3)=16$ ……㉯
$\therefore f(3)+f'(3)=6+16=22$ ……㉰

채점 기준	배점
㉮ $f(3)=6$ 구하기	2점
㉯ $f'(3)=16$ 구하기	2점
㉰ 답 구하기	2점

22 다항식 $f(x)$를 $(x^2-1)^2$으로 나눌 때의 몫을 $Q(x)$라 하면
$f(x)=(x^2-1)^2 Q(x)+ax^3+bx^2+cx+d$
(단, a, b, c, d는 상수)
……㉮

양변을 x에 대하여 미분하면
$f'(x)=2(x^2-1)\times 2x\,Q(x)+(x^2-1)^2\,Q'(x)$
$\qquad\qquad\qquad +3ax^2+2bx+c$
……㉯

주어진 조건에서
$f(1)=2$, $f(-1)=2$, $f'(1)=4$, $f'(-1)=0$이므로
$f(1)=a+b+c+d=2$
$f(-1)=-a+b-c+d=2$

$f'(1)=3a+2b+c=4$

$f'(-1)=3a-2b+c=0$

위 네 식을 연립하여 풀면

$a=1,\ b=1,\ c=-1,\ d=1$

따라서 구하는 나머지는 x^3+x^2-x+1이다. ……㉐

채점 기준	배점
㉮ $f(x)$의 식 세우기	2점
㉯ $f'(x)$ 구하기	3점
㉰ 답 구하기	3점

23 (i) $x \to 1+$일 때, $x \neq 1$이므로 $g(x)=x$

$\therefore \lim\limits_{x \to 1+}(f \circ g)(x)=\lim\limits_{x \to 1+}f(g(x))$

$\qquad\qquad\qquad\quad =\lim\limits_{x \to 1+}f(x)=0$ ……㉮

(ii) $x \to 1-$일 때, $x \neq 1$이므로 $g(x)=x$

$\therefore \lim\limits_{x \to 1-}(f \circ g)(x)=\lim\limits_{x \to 1-}f(g(x))$

$\qquad\qquad\qquad\quad =\lim\limits_{x \to 1-}f(x)=0$ ……㉯

(iii) $x=1$일 때, $g(x)=a$

$(f \circ g)(1)=f(g(1))=f(a)$ ……㉰

(i), (ii), (iii)에서 $f(a)=0$

$\therefore a=-1$ 또는 $a=\dfrac{1}{2}$ 또는 $a=1$

그런데 $a>1$이고, $f(x)=f(x+2)$이므로 a의 최솟값은 $\dfrac{5}{2}$이다.
……㉑

채점 기준	배점
㉮ $\lim\limits_{x \to 1+}(f \circ g)(x)=0$ 구하기	2점
㉯ $\lim\limits_{x \to 1-}(f \circ g)(x)=0$ 구하기	2점
㉰ $(f \circ g)(1)=f(a)$ 구하기	2점
㉑ 답 구하기	2점

01 $\lim\limits_{x \to -2+}f(x)=-2$, $\lim\limits_{x \to -1+}f(x)=1$,

$\lim\limits_{x \to 0-}f(x)=0$, $\lim\limits_{x \to 1-}f(x)=0$

$\therefore \lim\limits_{x \to -2+}f(x)+\lim\limits_{x \to -1+}f(x)+\lim\limits_{x \to 0-}f(x)+\lim\limits_{x \to 1-}f(x)$

$\quad =-2+1+0+0=-1$

02 $\lim\limits_{x \to 2}(x+2)f(x)=12$이므로

$4f(2)=12 \qquad \therefore f(2)=3$

$\therefore \lim\limits_{x \to 2}\dfrac{f(x)}{x+1}=\dfrac{f(2)}{3}=1$

03 $\lim\limits_{x \to 0}\dfrac{1}{x}\left\{\dfrac{1}{2}-\dfrac{1}{(x+\sqrt{2})^2}\right\}=\lim\limits_{x \to 0}\dfrac{1}{x} \times \dfrac{(x+\sqrt{2})^2-2}{2(x+\sqrt{2})^2}$

$\qquad\qquad\qquad =\lim\limits_{x \to 0}\dfrac{1}{x} \times \dfrac{x^2+2\sqrt{2}x}{2(x+\sqrt{2})^2}$

$\qquad\qquad\qquad =\lim\limits_{x \to 0}\dfrac{x+2\sqrt{2}}{2(x+\sqrt{2})^2}$

$\qquad\qquad\qquad =\dfrac{2\sqrt{2}}{4}=\dfrac{\sqrt{2}}{2}$

04 함수 $y=(x-a)f(x)$가 $0 \leq x \leq 6$에서 연속이려면 함수 $y=f(x)$가 $x=4$에서 불연속이므로 함수 $y=(x-a)f(x)$가 $x=4$에서 연속이면 된다.

$g(x)=(x-a)f(x)$라 하면

$\lim\limits_{x \to 4-}g(x)=\lim\limits_{x \to 4+}g(x)=g(4)$에서

$\lim\limits_{x \to 4-}g(x)=\lim\limits_{x \to 4-}(x-a) \times \lim\limits_{x \to 4-}f(x)$

$\qquad\qquad =(4-a) \times 2$

$\qquad\qquad =8-2a$

$\lim\limits_{x \to 4+}g(x)=\lim\limits_{x \to 4+}(x-a) \times \lim\limits_{x \to 4+}f(x)$

$\qquad\qquad =(4-a) \times (-2)$

$\qquad\qquad =-8+2a$

$g(4)=(4-a)f(4)=(4-a) \times (-2)=-8+2a$

이므로 $8-2a=-8+2a$

$\therefore a=4$

05 $f(x)=x^2$이라 하면

x의 값이 1에서 3까지 변할 때의 평균변화율은

$\dfrac{f(3)-f(1)}{3-1}=\dfrac{9-1}{2}=4$

또 함수 $f(x)$의 $x=a$에서의 미분계수는

$f'(x)=2x$이므로

$f'(a)=2a$

따라서 $4=2a$이므로

$a=2$

> **핵심 포인트**
>
> **평균변화율**
>
> 함수 $y=f(x)$에서 x의 값이 a에서 b까지 변할 때의 평균변화율은
>
> $$\frac{\Delta y}{\Delta x}=\frac{f(b)-f(a)}{b-a}=\frac{f(a+\Delta x)-f(a)}{\Delta x}$$

06 $f(1)=0$이므로

$$\lim_{x\to 1}\frac{\{f(x)\}^2-2f(x)}{1-x}=\lim_{x\to 1}\frac{f(x)\{f(x)-2\}}{-(x-1)}$$
$$=\lim_{x\to 1}\frac{f(x)}{x-1}\{2-f(x)\}$$
$$=\lim_{x\to 1}\frac{f(x)-f(1)}{x-1}\{2-f(x)\}$$
$$=f'(1)\{2-f(1)\}$$
$$=2f'(1)$$

따라서 $2f'(1)=10$이므로 $f'(1)=5$

07 $f'(x)=2x+3$

$\therefore f'(1)+f'(2)+f'(3)+\cdots+f'(10)$
$$=(2\times1+3)+(2\times2+3)+(2\times3+3)+\cdots+(2\times10+3)$$
$$=2(1+2+3+\cdots+10)+3\times10$$
$$=2\times55+30$$
$$=140$$

08 $f(x)=x^3-3x^2+4x+2$라 하면

$f'(x)=3x^2-6x+4$
$\quad\ \ =3(x^2-2x+1)+1$
$\quad\ \ =3(x-1)^2+1$

이므로 기울기는 $x=1$일 때, 최솟값 1을 갖는다.

$x=1$일 때, $y=4$이므로 접점 P의 좌표는 $(1, 4)$이고 접선의 방정식은

$y-4=1\times(x-1)$

$\therefore y=x+3$

09 점 $(2, 1)$은 곡선 $y=f(x)$ 위의 점이므로 $f(2)=1$

점 $(2, 1)$에서의 접선의 기울기가 3이므로 $f'(2)=3$

$g(x)=(x^3-2x)f(x)$로 놓으면

$g'(x)=(3x^2-2)f(x)+(x^3-2x)f'(x)$

$\therefore g'(2)=10f(2)+4f'(2)=10\times1+4\times3=22$

$g(2)=4f(2)=4\times1=4$이므로 점 $(2, 4)$에서의 접선의 방정식은

$y-4=22(x-2)$

$\therefore y=22x-40$

따라서 $a=22$, $b=-40$이므로

$2a+b=2\times22+(-40)=4$

10 조건 ㈎에서

$$\lim_{x\to\infty}\frac{f(x)-x^2}{x}=-2$$이므로

$f(x)-x^2$은 일차항의 계수가 -2인 일차식이어야 한다.

즉, $f(x)-x^2=-2x+a$ (a는 상수)로 놓으면

$f(x)=x^2-2x+a$이고

$$f\left(\frac{1}{x}\right)=\left(\frac{1}{x}\right)^2-\frac{2}{x}+a$$

조건 ㈏에서

$$\lim_{x\to 1}x^2f\left(\frac{1}{x}\right)=\lim_{x\to 1}(1-2x+ax^2)=-1+a=1$$

$\therefore a=2$

따라서 $f(x)=x^2-2x+2$이므로

$f(2)=4-4+2=2$

> **핵심 포인트**
>
> 두 다항함수 $y=f(x)$, $y=g(x)$에 대하여
>
> $$\lim_{x\to\infty}\frac{f(x)}{g(x)}=\alpha\ (\alpha\text{는 0이 아닌 실수})$$이면
>
> ➡ $(f(x)$의 차수$)=(g(x)$의 차수$)$이고
>
> $$\alpha=\frac{(f(x)\text{의 최고차항의 계수})}{(g(x)\text{의 최고차항의 계수})}$$

11 $x\neq 1$일 때, $f(x)=\dfrac{ax^2-bx}{x-1}$

함수 $f(x)$가 모든 실수 x에서 연속이므로 $x=1$에서 연속이다.

$$f(1)=\lim_{x\to 1}f(x)=\lim_{x\to 1}\frac{ax^2-bx}{x-1}=2\quad\cdots\cdots\ ㉠$$

㉠에서 $x\to 1$일 때, (분모)$\to 0$이므로 (분자)$\to 0$이어야 한다.

즉, $\lim_{x\to 1}(ax^2-bx)=a-b=0$이므로 $b=a$

$b=a$를 ㉠에 대입하면

$$\lim_{x\to 1}\frac{ax^2-ax}{x-1}=\lim_{x\to 1}\frac{ax(x-1)}{x-1}$$
$$=\lim_{x\to 1}ax$$
$$=a=2$$

$\therefore b=2$

$\therefore ab=4$

12 ㄱ. $f(1)=0$, $\lim_{x\to 1}f(x)=\lim_{x\to 1}|x^2-1|=0$이므로

$\lim_{x\to 1}f(x)=f(1)$

즉, 함수 $y=f(x)$는 $x=1$에서 연속이다.

$$f'(1)=\lim_{h\to 0}\frac{f(1+h)-f(1)}{h}$$
$$=\lim_{h\to 0}\frac{|(1+h)^2-1|-|1^2-1|}{h}$$
$$=\lim_{h\to 0}\frac{|h^2+2h|}{h}$$

에서

$$\lim_{h\to 0+}\frac{|h^2+2h|}{h}=\lim_{h\to 0+}\frac{h^2+2h}{h}$$
$$=\lim_{h\to 0+}(h+2)$$
$$=2$$

$$\lim_{h \to 0-} \frac{|h^2+2h|}{h} = \lim_{h \to 0-} \frac{-h^2-2h}{h}$$
$$= \lim_{h \to 0-} (-h-2) = -2$$

이므로 함수 $y=f(x)$는 $x=1$에서 미분가능하지 않다.

ㄴ. $f(1)=0$, $\lim\limits_{x \to 1} f(x) = \lim\limits_{x \to 1}(x-1)|x-1| = 0$이므로

$\lim\limits_{x \to 1} f(x) = f(1)$

즉, 함수 $y=f(x)$는 $x=1$에서 연속이다.

$$f'(1) = \lim_{x \to 1} \frac{f(x)-f(1)}{x-1}$$
$$= \lim_{x \to 1} \frac{(x-1)|x-1|}{x-1}$$
$$= \lim_{x \to 1} |x-1| = 0$$

이므로 함수 $y=f(x)$는 $x=1$에서 미분가능하다.

ㄷ. $f(x) = \dfrac{x^2-1}{|x-1|}$에서 $f(1)$이 정의되지 않는다.

즉, 함수 $y=f(x)$는 $x=1$에서 불연속이므로 미분가능하지 않다.

따라서 $x=1$에서 미분가능한 함수는 ㄴ뿐이다.

13 주어진 식에 $x=0$, $y=0$을 대입하면
$f(0) = 2\{f(0)\}^2$, $f(0)\{2f(0)-1\}=0$
$\therefore f(0) = \dfrac{1}{2}$ $(\because f(x)>0)$

$$f'(3) = \lim_{h \to 0} \frac{f(3+h)-f(3)}{h}$$
$$= \lim_{h \to 0} \frac{2f(3)f(h)-f(3)}{h}$$
$$= 2f(3) \times \lim_{h \to 0} \frac{f(h)-\dfrac{1}{2}}{h}$$
$$= 2f(3) \times \lim_{h \to 0} \frac{f(h)-f(0)}{h}$$
$$= 2f(3)f'(0)$$

이므로

$$\frac{f'(3)}{f(3)} = \frac{2f(3)f'(0)}{f(3)} = 2f'(0)$$
$$= 2 \times 4 = 8$$

14 $f(x) = \begin{cases} \dfrac{x^2}{2}+x+\dfrac{3}{2} & (x<1) \\ -x^2+4x & (x \geq 1) \end{cases}$ 에서

$g(x) = \dfrac{x^2}{2}+x+\dfrac{3}{2}$, $h(x) = -x^2+4x$로 놓으면

$g'(x) = x+1$, $h'(x) = -2x+4$

ㄱ. $g(1) = \dfrac{1}{2}+1+\dfrac{3}{2} = 3$, $h(1) = -1+4 = 3$

이므로 $f(x)$는 $x=1$에서 연속이다. (참)

ㄴ. $g'(1) = 1+1 = 2$, $h'(1) = -2+4 = 2$

이므로 $f(x)$는 $x=1$에서 미분가능하다. (참)

ㄷ. ㄴ에서 $g'(1) = h'(1)$이므로 $f'(x)$는 $x=1$에서 연속이다.

(참)

따라서 ㄱ, ㄴ, ㄷ 모두 옳다.

15 $-1<x<1$일 때, $-1 \leq x^2-1 < 0$이므로
$|x^2-1| = -(x^2-1) = 1-x^2$

$$\therefore \lim_{x \to -1+} \frac{x^2+x}{|x^2-1|} = \lim_{x \to -1+} \frac{x^2+x}{1-x^2}$$
$$= \lim_{x \to -1+} \frac{x(1+x)}{(1+x)(1-x)}$$
$$= \lim_{x \to -1+} \frac{x}{1-x}$$
$$= -\frac{1}{2} = a$$

$2<x<3$일 때, $[x]=2$

$$\therefore \lim_{x \to 3-} \frac{[x]^2+x}{[x]} = \frac{2^2+3}{2}$$
$$= \frac{7}{2} = b$$

$\therefore a+b = \left(-\dfrac{1}{2}\right) + \dfrac{7}{2} = 3$

16 $f(x-1) = \begin{cases} -x & (x \leq 1) \\ 2x-2-a & (x>1) \end{cases}$ 이므로

$g(x) = f(x)f(x-1) = \begin{cases} -x(-x-1) & (x \leq 0) \\ -x(2x-a) & (0<x \leq 1) \\ (2x-a)(2x-2-a) & (x>1) \end{cases}$

즉, 함수 $g(x)$가 실수 전체의 집합에서 연속이 되려면 $x=0$, $x=1$에서 연속이어야 한다.

(ⅰ) $x=0$에서 연속이려면
$\lim\limits_{x \to 0-} g(x) = \lim\limits_{x \to 0+} g(x) = g(0)$
$\lim\limits_{x \to 0-} g(x) = \lim\limits_{x \to 0-} -x(-x-1) = 0$
$\lim\limits_{x \to 0+} g(x) = \lim\limits_{x \to 0+} -x(2x-a) = 0$
$g(0) = 0$
즉, $\lim\limits_{x \to 0} g(x) = g(0)$이므로 a의 값에 상관없이 $x=0$에서 연속이다.

(ⅱ) $x=1$에서 연속이려면
$\lim\limits_{x \to 1-} g(x) = \lim\limits_{x \to 1+} g(x) = g(1)$
$\lim\limits_{x \to 1-} g(x) = \lim\limits_{x \to 1-} -x(2x-a) = -2+a$
$\lim\limits_{x \to 1+} g(x) = \lim\limits_{x \to 1+} (2x-a)(2x-2-a) = -a(2-a)$
$g(1) = -2+a$
즉, $-2+a = -a(2-a)$이므로
$a^2-3a+2 = 0$
$(a-1)(a-2) = 0$ $\therefore a=2 (\because a \neq 1)$

(ⅰ), (ⅱ)에서 $a=2$
$\therefore g(3) = (6-2)(6-2-2) = 8$

17 $\lim\limits_{x \to 2} \dfrac{f(x+1)-8}{x^2-4} = 6$에서 $x \to 2$일 때 (분모) $\to 0$이므로
(분자) $\to 0$이어야 한다.

즉, $f(3)-8 = 0$에서 $f(3) = 8$ $\cdots\cdots$ ㉠
$g(x) = f(x+1)$로 놓으면
$f(x) = x^2+5ax+b$에 대하여
$g(x) = (x+1)^2+5a(x+1)+b$

이때, $f(3)=g(2)=8$이므로

$$\lim_{x\to 2}\frac{f(x+1)-8}{x^2-4}=\lim_{x\to 2}\frac{g(x)-g(2)}{x^2-4}$$
$$=\lim_{x\to 2}\frac{g(x)-g(2)}{x-2}\times\frac{1}{x+2}$$
$$=\frac{1}{4}g'(2)=6$$

$\therefore g'(2)=24$

한편, $g'(x)=2x+2+5a$에서

$g'(2)=6+5a=24$

$\therefore a=\dfrac{18}{5}$

$\therefore f(x)=x^2+18x+b$

㉠에서 $f(3)=9+54+b=8$

$\therefore b=-55$

따라서 $f(x)=x^2+18x-55$이므로

$f(2)=4+36-55=-15$

18 닫힌구간 $[-1, 2]$에서

$x\neq 0$일 때, $f(x)\leq 0$, $|f(x)|=-f(x)$이므로

$g(x)=\dfrac{f(x)+|f(x)|}{2}=\dfrac{f(x)-f(x)}{2}=0$

$h(x)=\dfrac{f(x)-|f(x)|}{2}=\dfrac{2f(x)}{2}=f(x)$

$x=0$일 때, $f(0)=1$이므로

$g(0)=\dfrac{f(0)+|f(0)|}{2}=1$, $h(0)=\dfrac{f(0)-|f(0)|}{2}=0$

$\therefore g(x)=\begin{cases} 0 & (x\neq 0) \\ 1 & (x=0) \end{cases}$, $h(x)=\begin{cases} f(x) & (x\neq 0) \\ 0 & (x=0) \end{cases}$

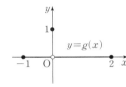
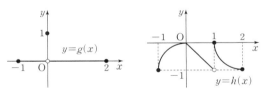

ㄱ. $\lim_{x\to 1-}h(x)=\lim_{x\to 1-}f(x)=-1$

$\lim_{x\to 1+}h(x)=\lim_{x\to 1+}f(x)=0$

즉, $\lim_{x\to 1}h(x)$는 존재하지 않으므로 함수 $h(x)$는 $x=1$에서

불연속이다. (거짓)

ㄴ. $x=0$일 때,

$\lim_{x\to 0-}h(g(x))=\lim_{x\to 0+}h(g(x))=0$

$h(g(0))=h(1)=0$

$\therefore \lim_{x\to 0}h(g(x))=h(g(0))$

$x=1$일 때,

$\lim_{x\to 1-}h(g(x))=\lim_{x\to 1+}h(g(x))=0$

$h(g(1))=h(0)=0$

$\therefore \lim_{x\to 1}h(g(x))=h(g(1))$

즉, 함수 $(h\circ g)(x)$는 닫힌구간 $[-1, 2]$에서 연속이다. (참)

ㄷ. $\lim_{x\to 0-}g(h(x))=\lim_{t\to 0-}g(t)=0$

$\lim_{x\to 0+}g(h(x))=\lim_{t\to 0-}g(t)=0$

$g(h(0))=g(0)=1$

$\therefore \lim_{x\to 0}g(h(x))\neq g(h(0))$ (거짓)

따라서 옳은 것은 ㄴ뿐이다.

19 $\dfrac{3x}{x^2+2x+2}<f(x)<\dfrac{3x}{x^2+2x+1}$ 에서

$\dfrac{3x^2}{x^2+2x+2}<xf(x)<\dfrac{3x^2}{x^2+2x+1}$ $(\because x>0)$ $\cdots\cdots$ ㉮

따라서 $\lim_{x\to\infty}\dfrac{3x^2}{x^2+2x+2}=3$, $\lim_{x\to\infty}\dfrac{3x^2}{x^2+2x+1}=3$이므로

$\lim_{x\to\infty}xf(x)=3$ $\cdots\cdots$ ㉯

채점 기준	배점
㉮ $\dfrac{3x^2}{x^2+2x+2}<xf(x)<\dfrac{3x^2}{x^2+2x+1}$ 구하기	3점
㉯ 답 구하기	3점

20 함수 $f(x)$가 $x=2$에서 연속이므로 $\lim_{x\to 2}f(x)=f(2)$

$\therefore \lim_{x\to 2}\dfrac{\sqrt{x^2-x+2}-a}{x-2}=b$ $\cdots\cdots$ ㉠

㉠에서 $x\to 2$일 때 (분모)$\to 0$이고, 극한값이 존재하므로

(분자)$\to 0$이어야 한다.

즉, $\lim_{x\to 2}(\sqrt{x^2-x+2}-a)=2-a=0$에서 $a=2$ $\cdots\cdots$ ㉮

$a=2$를 ㉠에 대입하면

$\lim_{x\to 2}\dfrac{\sqrt{x^2-x+2}-2}{x-2}$

$=\lim_{x\to 2}\dfrac{(\sqrt{x^2-x+2}-2)(\sqrt{x^2-x+2}+2)}{(x-2)(\sqrt{x^2-x+2}+2)}$

$=\lim_{x\to 2}\dfrac{(x-2)(x+1)}{(x-2)(\sqrt{x^2-x+2}+2)}$

$=\lim_{x\to 2}\dfrac{x+1}{\sqrt{x^2-x+2}+2}=\dfrac{3}{4}=b$

$\therefore ab=2\times\dfrac{3}{4}=\dfrac{3}{2}$ $\cdots\cdots$ ㉯

채점 기준	배점
㉮ $a=2$ 구하기	3점
㉯ 답 구하기	3점

21 조건 ㈎에서

$$\lim_{h\to 0}\frac{f(3+3h)-f(3)}{h}=\lim_{h\to 0}\frac{f(3+3h)-f(3)}{3h}\times 3$$
$$=3f'(3)=-45$$

$\therefore f'(3)=-15$

조건 ㈏에서

$\lim_{h\to 0}\dfrac{f(1+h)-f(1-h)}{h}$

$=\lim_{h\to 0}\dfrac{f(1+h)-f(1)-f(1-h)+f(1)}{h}$

$=\lim_{h\to 0}\dfrac{f(1+h)-f(1)}{h}+\lim_{h\to 0}\dfrac{f(1-h)-f(1)}{-h}$

$=f'(1)+f'(1)=2f'(1)=2$

$\therefore f'(1)=1$ ......㉮

$f(x)=ax^3+bx^2$에서 $f'(x)=3ax^2+2bx$이므로

$f'(3)=27a+6b=-15$

$\therefore 9a+2b=-5$ ......㉠

$f'(1)=3a+2b=1$ ......㉡

㉠, ㉡을 연립하여 풀면

$a=-1$, $b=2$ ......㉯

따라서 $f(x)=-x^3+2x^2$이므로

$f(-2)=8+8=16$ ......㉰

채점 기준	배점
㉮ $f'(3)=-15$, $f'(1)=1$ 구하기	2점
㉯ $a=-1$, $b=2$ 구하기	2점
㉰ 답 구하기	2점

22 주어진 식의 양변에 $x=0$, $y=0$을 대입하면

$f(0)=f(0)+f(0)-1$ $\therefore f(0)=1$

$f'(x)=\lim_{h\to 0}\dfrac{f(x+h)-f(x)}{h}$

$=\lim_{h\to 0}\dfrac{f(x)+f(h)+2xh-1-f(x)}{h}$

$=2x+\lim_{h\to 0}\dfrac{f(h)-1}{h}$

$=2x+\lim_{h\to 0}\dfrac{f(h)-f(0)}{h}$

$=2x+f'(0)$ ......㉠ ......㉮

$\lim_{x\to 1}\dfrac{f(x)-f'(x)}{x^2-1}=24$에서 $x\to 1$일 때, (분모)$\to 0$이므로

(분자)$\to 0$이어야 한다.

$\therefore f(1)=f'(1)$

㉠에서 $f'(1)=2+f'(0)$이므로

$f'(0)=f'(1)-2=f(1)-2$ ......㉡ ......㉯

$\therefore \lim_{x\to 1}\dfrac{f(x)-f'(x)}{x^2-1}$

$=\lim_{x\to 1}\dfrac{f(x)-2x-f'(0)}{x^2-1}$ $(\because ㉠)$

$=\lim_{x\to 1}\dfrac{f(x)-2x-f(1)+2}{x^2-1}$ $(\because ㉡)$

$=\lim_{x\to 1}\dfrac{f(x)-f(1)}{x^2-1}-\lim_{x\to 1}\dfrac{2(x-1)}{x^2-1}$

$=\lim_{x\to 1}\left\{\dfrac{f(x)-f(1)}{x-1}\times\dfrac{1}{x+1}\right\}-\lim_{x\to 1}\dfrac{2(x-1)}{(x-1)(x+1)}$

$=\dfrac{1}{2}f'(1)-1=24$

$\therefore f'(1)=50$ ......㉰

$f'(1)=50$을 ㉡에 대입하면

$f'(0)=f'(1)-2=48$ ......㉱

채점 기준	배점
㉮ $f'(x)=2x+f'(0)$ 구하기	2점
㉯ $f'(0)=f(1)-2$ 구하기	2점
㉰ $f'(1)=50$ 구하기	2점
㉱ 답 구하기	2점

23 $f(0)=k^2-1$, $f(2k)=4k^2-4k^2+k^2-1=k^2-1$이므로

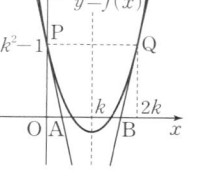
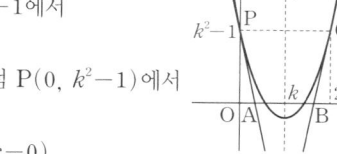

$P(0, k^2-1)$, $Q(2k, k^2-1)$

$f(x)=x^2-2kx+k^2-1$에서

$f'(x)=2x-2k$

$f'(0)=-2k$이므로 점 $P(0, k^2-1)$에서의 접선의 방정식은

$y-(k^2-1)=-2k(x-0)$

$\therefore y=-2kx+k^2-1$

이 직선이 x축과 만나는 점은 $A\left(\dfrac{k^2-1}{2k}, 0\right)$ ......㉮

$f'(2k)=2k$이므로 점 $Q(2k, k^2-1)$에서의 접선의 방정식은

$y-(k^2-1)=2k(x-2k)$

$\therefore y=2kx-3k^2-1$

이 직선이 x축과 만나는 점은 $B\left(\dfrac{3k^2+1}{2k}, 0\right)$ ......㉯

$\therefore \overline{AB}=\dfrac{3k^2+1}{2k}-\dfrac{k^2-1}{2k}$

$=\dfrac{2k^2+2}{2k}=k+\dfrac{1}{k}$

이때, $k>0$이므로 산술평균과 기하평균의 관계에 의하여

$\overline{AB}=k+\dfrac{1}{k}\geq 2\sqrt{k\times\dfrac{1}{k}}=2$

$\left(\text{단, 등호는 } k=\dfrac{1}{k}, \text{즉 } k=1\text{일 때 성립한다.}\right)$

따라서 선분 AB의 길이의 최솟값은 2이다. ......㉰

채점 기준	배점
㉮ 점 A 구하기	3점
㉯ 점 B 구하기	3점
㉰ 답 구하기	2점

01 $f(x)=t$로 놓으면

$x \to 0-$ 일 때 $t \to 0-$,

$x \to 0+$ 일 때 $t \to 0+$ 이고 $g(x)=-2$이므로

$\lim\limits_{x \to 0-} g(f(x)) - \lim\limits_{x \to 0+} g(f(x)) + \lim\limits_{x \to 0+} f(g(x))$

$= \lim\limits_{t \to 0-} g(t) - \lim\limits_{t \to 0+} g(t) + f(-2)$

$= 0 - (-2) + (-1) = 1$

02 $\lim\limits_{x \to \infty} f(x) = \infty$, $\lim\limits_{x \to \infty} \{f(x) - g(x)\} = 3$에서

$\lim\limits_{x \to \infty} \dfrac{f(x) - g(x)}{f(x)} = 0$

즉, $\lim\limits_{x \to \infty} \dfrac{f(x) - g(x)}{f(x)} = \lim\limits_{x \to \infty} \left\{ 1 - \dfrac{g(x)}{f(x)} \right\} = 0$이므로

$\lim\limits_{x \to \infty} \dfrac{g(x)}{f(x)} = 1$

주어진 식의 분자, 분모를 $f(x)$로 나누면

$\lim\limits_{x \to \infty} \dfrac{f(x) - 4g(x)}{3f(x) + g(x)} = \lim\limits_{x \to \infty} \dfrac{1 - 4 \times \dfrac{g(x)}{f(x)}}{3 + \dfrac{g(x)}{f(x)}}$

$= \dfrac{1 - 4 \times 1}{3 + 1} = -\dfrac{3}{4}$

03 두 함수 $f(x)$, $g(x)$가 $x=a$에서 연속이므로 연속함수의 성질에 의하여 ①, ③, ④, ⑤는 $x=a$에서 연속이다.

그러나 ②에서 $f(a) + g(a) = 0$인 경우가 있을 수 있으므로 $x=a$에서 반드시 연속이라고 할 수 없다.

> **핵심 포인트**
>
> **연속함수의 성질**
> 두 함수 $y=f(x)$, $y=g(x)$가 모두 $x=a$에서 연속이면 다음 함수도 $x=a$에서 연속이다.
> (1) $y=cf(x)$ (단, c는 상수)   (2) $y=f(x) \pm g(x)$
> (3) $y=f(x)g(x)$ (4) $y=\dfrac{f(x)}{g(x)}$ (단, $g(a) \ne 0$)

04 함수 $f(x)$가 모든 실수 x에 대하여 연속이 되려면 $x=-1$, $x=1$에서 연속이어야 한다.

$x=-1$에서 연속이어야 하므로

$\lim\limits_{x \to -1-} f(x) = \lim\limits_{x \to -1+} f(x) = f(-1)$

$1 + 1 + 3 = -1 - a + b$

$\therefore a - b = -6$

05 $f(0)=9$, $f'(0)=9$이므로

$\lim\limits_{h \to 0} \dfrac{f(2h) - 9}{3h} = \lim\limits_{h \to 0} \dfrac{f(0+2h) - f(0)}{3h}$

$= \lim\limits_{h \to 0} \dfrac{f(0+2h) - f(0)}{2h} \times \dfrac{2}{3}$

$= \dfrac{2}{3} f'(0)$

$= \dfrac{2}{3} \times 9 = 6$

06 주어진 식에 $x=0$, $y=0$을 대입하면

$f(0) = f(0) + f(0) - 1$에서 $f(0)=1$이므로

$f'(2) = \lim\limits_{h \to 0} \dfrac{f(2+h) - f(2)}{h}$

$= \lim\limits_{h \to 0} \dfrac{f(2) + f(h) + 4h - 1 - f(2)}{h}$

$= \lim\limits_{h \to 0} \dfrac{f(h) - 1}{h} + 4$

즉, $\lim\limits_{h \to 0} \dfrac{f(h) - 1}{h} + 4 = 6$에서

$\lim\limits_{h \to 0} \dfrac{f(h) - 1}{h} = 2$

$\therefore f'(0) = \lim\limits_{h \to 0} \dfrac{f(0+h) - f(0)}{h}$

$= \lim\limits_{h \to 0} \dfrac{f(h) - 1}{h} = 2$

07 $f'(x) = (3x-1)'(2x^2+1)(kx+5)$

$\qquad + (3x-1)(2x^2+1)'(kx+5)$

$\qquad + (3x-1)(2x^2+1)(kx+5)'$

$= 3(2x^2+1)(kx+5) + 4x(3x-1)(kx+5)$

$\qquad + k(3x-1)(2x^2+1)$

이므로

$f'(1) = 9(k+5) + 8(k+5) + 6k$

$\qquad = 23k + 85$

따라서 $23k + 85 = 16$이므로 $k=-3$

08 $\lim\limits_{x \to k+} [x] = k$, $\lim\limits_{x \to k+} [4x] = 4k$이므로

$\lim\limits_{x \to k+} \dfrac{[4x]}{[x]^2 + 3x} = \dfrac{4k}{k^2 + 3k} = \dfrac{4}{k+3}$

$\lim\limits_{x \to k-} [x] = k-1$, $\lim\limits_{x \to k-} [4x] = 4k-1$이므로

$\lim\limits_{x \to k-} \dfrac{[4x]}{[x]^2 + 3x} = \dfrac{4k-1}{(k-1)^2 + 3k} = \dfrac{4k-1}{k^2 + k + 1}$

$\lim\limits_{x \to k} \dfrac{[4x]}{[x]^2 + 3x}$ 의 값이 존재하므로

$\dfrac{4}{k+3} = \dfrac{4k-1}{k^2 + k + 1}$, $4k^2 + 4k + 4 = 4k^2 + 11k - 3$

$7k = 7 \qquad \therefore k = 1$

따라서 $\alpha = \dfrac{4}{k+3} = 1$이므로

$k + \alpha = 2$

09 $0 < x < 3$일 때, $y = \left[\dfrac{1}{3} x \right] = 0$

$3 \leq x < 6$일 때, $y = \left[\dfrac{1}{3}x\right] = 1$

$6 \leq x < 9$일 때, $y = \left[\dfrac{1}{3}x\right] = 2$

$9 \leq x < 12$일 때, $y = \left[\dfrac{1}{3}x\right] = 3$

즉, 함수 $y = \left[\dfrac{1}{3}x\right]$의 그래프는 그림과 같다.

따라서 함수 $y = \left[\dfrac{1}{3}x\right]$는 $x=3$, $x=6$, $x=9$에서 불연속이므로

불연속이 되는 모든 x의 값의 합은

$3 + 6 + 9 = 18$

10 $f(-2) = -1$, $f(-1) = 2$이므로 $f(-2)f(-1) < 0$

즉, $f(x) = 0$은 $-2 < x < -1$에서 적어도 하나의 실근을 갖는다.

또 $f(0) = 0$이므로 $x = 0$은 $f(x) = 0$의 하나의 실근이고,

$f(2) = 3$, $f(3) = -3$이므로 $f(2)f(3) < 0$

즉, $f(x) = 0$은 $2 < x < 3$에서 적어도 하나의 실근을 갖는다.

따라서 방정식 $f(x) = 0$은 $-2 \leq x \leq 3$에서 적어도 3개의 실근을 갖는다.

> **핵심 포인트**
>
> 사잇값의 정리
> 함수 $y = f(x)$가 닫힌구간 $[a, b]$에서 연속이고
> $f(a)f(b) < 0$이면 열린구간 (a, b)에서 방정식 $f(x) = 0$
> 의 실근이 적어도 하나 존재한다.

11 $\displaystyle\lim_{x \to 2} \dfrac{x^n + x - 66}{x - 2} = a$에서 $x \to 2$일 때 (분모) $\to 0$이므로

(분자) $\to 0$이어야 한다.

즉, $2^n + 2 - 66 = 0$에서 $2^n = 64$

$\therefore n = 6$

$f(x) = x^6 + x - 66$으로 놓으면 $f(2) = 0$이므로

$\displaystyle\lim_{x \to 2} \dfrac{x^6 + x - 66}{x - 2} = \lim_{x \to 2} \dfrac{f(x) - f(2)}{x - 2} = f'(2) = a$

이때, $f'(x) = 6x^5 + 1$에서

$f'(2) = 6 \times 32 + 1 = 193$이므로 $a = 193$

$\therefore a - n = 193 - 6 = 187$

12 $f(x) = x^3 - 3x^2 + 2$로 놓으면 $f'(x) = 3x^2 - 6x$

접점의 좌표를 $(t, t^3 - 3t^2 + 2)$라 하면 이 점에서의 접선의 기울기는 $f'(t) = 3t^2 - 6t$이므로 접선의 방정식은

$y - (t^3 - 3t^2 + 2) = (3t^2 - 6t)(x - t)$

$\therefore y = (3t^2 - 6t)x - 2t^3 + 3t^2 + 2$

이 직선이 점 $A(0, 3)$을 지나므로

$3 = -2t^3 + 3t^2 + 2$, $2t^3 - 3t^2 + 1 = 0$

$(2t+1)(t-1)^2 = 0$

$\therefore t = -\dfrac{1}{2}$ 또는 $t = 1$

따라서 두 접점의 좌표는 $\left(-\dfrac{1}{2}, \dfrac{9}{8}\right)$, $(1, 0)$이므로 두 접점 사이의 거리는

$\sqrt{\left\{1 - \left(-\dfrac{1}{2}\right)\right\}^2 + \left(0 - \dfrac{9}{8}\right)^2} = \dfrac{15}{8}$

13 ㄱ. 함수 $y = f(x)$는 $x = 0$에서 연속이지만

$\displaystyle\lim_{h \to 0+} \dfrac{f(0+h) - f(0)}{h} = \lim_{h \to 0+} \dfrac{h}{h} = 1$

$\displaystyle\lim_{h \to 0-} \dfrac{f(0+h) - f(0)}{h} = \lim_{h \to 0-} \dfrac{-h}{h} = -1$

이므로 $f'(0)$이 존재하지 않는다.

따라서 함수 $y = f(x)$는 $x = 0$에서 미분가능하지 않다.

ㄴ. 함수 $y = f(x)$는 $x = 0$에서 연속이고

$\displaystyle\lim_{h \to 0+} \dfrac{f(0+h) - f(0)}{h} = \lim_{h \to 0+} \dfrac{(h+2)^2 - 4}{h}$
$= \displaystyle\lim_{h \to 0+} (h+4)$
$= 4$

$\displaystyle\lim_{h \to 0-} \dfrac{f(0+h) - f(0)}{h} = \lim_{h \to 0-} \dfrac{(4h+4) - 4}{h}$
$= 4$

이므로 $f'(0)$이 존재한다.

따라서 함수 $y = f(x)$는 $x = 0$에서 미분가능하다.

ㄷ. 함수 $f(x) = [x] + 1$은 $x = 0$에서 불연속이므로 미분가능하지 않다.

ㄹ. $f(x) = x^2|x| = \begin{cases} x^3 & (x \geq 0) \\ -x^3 & (x < 0) \end{cases}$ 에서 함수 $y = f(x)$는

$x = 0$에서 연속이고

$\displaystyle\lim_{h \to 0+} \dfrac{f(0+h) - f(0)}{h} = \lim_{h \to 0+} \dfrac{(0+h)^3 - 0}{h}$
$= \displaystyle\lim_{h \to 0+} h^2 = 0$

$\displaystyle\lim_{h \to 0-} \dfrac{f(0+h) - f(0)}{h} = \lim_{h \to 0-} \dfrac{-(0+h)^3 - 0}{h}$
$= \displaystyle\lim_{h \to 0-} (-h^2) = 0$

이므로 $f'(0)$이 존재한다.

따라서 함수 $y = f(x)$는 $x = 0$에서 미분가능하다.

따라서 $x = 0$에서 미분가능하지 않은 것은 ㄱ, ㄷ이다.

14 $f(x) = ax + b$ ($a \neq 0$, a, b는 상수)라 하면

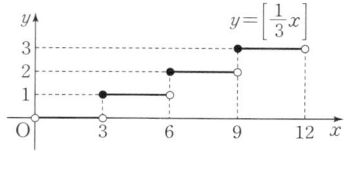

조건 (가)에서 $f(-1) = -a + b = 6$ ······ ㉠

$g(x) = |x - 2|f(x)$라 하면

$g(x) = \begin{cases} -(x-2)f(x) & (x \leq 2) \\ (x-2)f(x) & (x > 2) \end{cases}$

또 $g'(x) = \begin{cases} -f(x) - (x-2)f'(x) & (x < 2) \\ f(x) + (x-2)f'(x) & (x > 2) \end{cases}$ 이고

조건 (나)에서 함수 $g(x)$는 $x = 2$에서 미분가능하므로

$-f(2) = f(2)$

즉, $f(2) = 0$

$\therefore 2a+b=0$ ......ⓒ

ⓐ, ⓒ을 연립하여 풀면

$a=-2,\ b=4$

따라서 $f(x)=-2x+4$이므로

$f(-3)=(-2)\times(-3)+4=10$

15 $h'(x)=f'(x)\{g(x)+3\}+f(x)g'(x)$이므로

$h'(1)=f'(1)\{g(1)+3\}+f(1)g'(1)$

$\quad=2(2+3)+1\times(-1)=9$

또 $h(1)=f(1)\{g(1)+3\}=1\times(2+3)=5$이므로

점 $P(1,\ 5)$에서의 접선의 방정식은

$y-5=9(x-1)$ $\quad\therefore y=9x-4$

따라서 접선의 y절편은 -4이다.

16 직선 $y=2x+1$에 수직이고 점 $P(t,\ 2t+1)$을 지나는 직선의

방정식은

$y-(2t+1)=-\dfrac{1}{2}(x-t)$

$\therefore y=-\dfrac{1}{2}x+\dfrac{5}{2}t+1$

이 직선이 x축과 만나는 점 Q의 좌표는 $(5t+2,\ 0)$이다.

$\overline{OP}^2=t^2+(2t+1)^2=5t^2+4t+1$

$\overline{PQ}^2=(4t+2)^2+(2t+1)^2$

$\qquad=20t^2+20t+5$

$\therefore \displaystyle\lim_{t\to\infty}\dfrac{\overline{OP}^2}{\overline{PQ}^2}=\lim_{t\to\infty}\dfrac{5t^2+4t+1}{20t^2+20t+5}=\dfrac{1}{4}$

17 ㄱ. $\displaystyle\lim_{x\to1-}f(x)=\lim_{x\to1+}f(x)=\lim_{x\to1}x^2=1$ (참)

ㄴ. 함수 $f(x)$는 $x=1$에서 불연속이고 함수 $g(x)$는 함수 $f(x)$의 그래프를 x축의 방향으로 a만큼 평행이동한 것이므로 a가 양수일 때 그림과 같다.

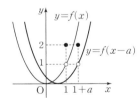

따라서 함수 $g(x)=f(x-a)$는 $x=1+a$에서 불연속이다.

(거짓)

ㄷ. $h(x)=\begin{cases}x^2(x-1) \\ 2(x-1)\end{cases}=\begin{cases}x^3-x^2 & (x\neq1) \\ 0 & (x=1)\end{cases}$

$h(1)=0$이고

$\displaystyle\lim_{x\to1-}h(x)=\lim_{x\to1-}(x^3-x^2)=0$

$\displaystyle\lim_{x\to1+}h(x)=\lim_{x\to1+}(x^3-x^2)=0$

$\therefore \displaystyle\lim_{x\to1}h(x)=0$

즉, $h(1)=\displaystyle\lim_{x\to1}h(x)=0$이므로 함수 $h(x)$는 실수 전체의 집합에서 연속이다. (참)

따라서 옳은 것은 ㄱ, ㄷ이다.

18 $f(x+y)=2f(x)f(y)$가 임의의 두 실수 $x,\ y$에 대하여 성립하

므로 양변에 $x=0,\ y=0$을 대입하면

$f(0)=2\{f(0)\}^2,\ f(0)\{2f(0)-1\}=0$

이때, 함수 $f(x)$의 치역이 양의 실수 전체의 집합이므로

$f(0)=\dfrac{1}{2}$ ......ⓐ

한편, 함수 $f(x)$의 $x=0$에서의 접선의 기울기가 5이므로

$f'(0)=5$ ......ⓒ

$\therefore f'(x)=\displaystyle\lim_{h\to0}\dfrac{f(x+h)-f(x)}{h}$

$\qquad=\displaystyle\lim_{h\to0}\dfrac{2f(x)f(h)-f(x)}{h}$

$\qquad=\displaystyle\lim_{h\to0}\dfrac{f(x)\{2f(h)-1\}}{h}$

$\qquad=2f(x)\displaystyle\lim_{h\to0}\dfrac{f(h)-\dfrac{1}{2}}{h}$

$\qquad=2f(x)\displaystyle\lim_{h\to0}\dfrac{f(0+h)-f(0)}{h}\ (\because ⓐ)$

$\qquad=2f(x)f'(0)$

$\qquad=2f(x)\times5\ (\because ⓒ)$

$\qquad=10f(x)$

즉, $f'(x)=10f(x)$이므로 $\dfrac{f'(x)}{2f(x)}=\dfrac{10f(x)}{2f(x)}=5$

19 $\displaystyle\lim_{x\to2}\dfrac{f(x+2)-10}{x^2-4}=3$에서 $x\to2$일 때 (분모)$\to0$이므로

(분자)$\to0$이어야 한다.

즉, $\displaystyle\lim_{x\to2}\{f(x+2)-10\}=0$이므로 $f(4)-10=0$

$\therefore f(4)=10$ ......㉮

$x+2=t$로 놓으면 $x\to2$일 때, $t\to4$이므로

$\displaystyle\lim_{x\to2}\dfrac{f(x+2)-10}{x^2-4}=\lim_{t\to4}\dfrac{f(t)-f(4)}{(t-2)^2-4}$

$\qquad=\displaystyle\lim_{t\to4}\dfrac{f(t)-f(4)}{t-4}\times\lim_{t\to4}\dfrac{1}{t}$

$\qquad=\dfrac{1}{4}f'(4)=3$

$\therefore f'(4)=12$ ......㉯

$\therefore f(4)+f'(4)=10+12=22$ ......㉰

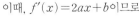

채점 기준	배점
㉮ $f(4)=10$ 구하기	2점
㉯ $f'(4)=12$ 구하기	2점
㉰ 답 구하기	2점

20 $\displaystyle\lim_{x\to1}\dfrac{f(x^2)-f(1)}{x-1}=\lim_{x\to1}\dfrac{f(x^2)-f(1)}{x^2-1}\times(x+1)$

$\qquad=2f'(1)=2$

$\therefore f'(1)=1$ ......㉮

$\displaystyle\lim_{x\to2}\dfrac{x-2}{f(x)-f(2)}=\lim_{x\to2}\dfrac{1}{\dfrac{f(x)-f(2)}{x-2}}$

$\qquad=\dfrac{1}{f'(2)}=\dfrac{1}{3}$

$\therefore f'(2)=3$ ......㉯

이때, $f'(x)=2ax+b$이므로

$f'(1)=2a+b=1$ ······ ㉠
$f'(2)=4a+b=3$ ······ ㉡
㉠, ㉡을 연립하여 풀면
$a=1$, $b=-1$
$\therefore a^2+b^2=2$ ······ ㉣

채점 기준	배점
㉮ $f'(1)=1$ 구하기	2점
㉯ $f'(2)=3$ 구하기	2점
㉰ 답 구하기	2점

21 $f(x)=x^2+3$이라 하면
$f'(x)=2x$
접점의 좌표를 $(t,\ t^2+3)$이라 하면 이 점에서의 접선의 기울기는
$f'(t)=2t$이므로 접선의 방정식은
$y-(t^2+3)=2t(x-t)$
$\therefore y=2tx-t^2+3$ ······ ㉮
이 직선이 점 $A(2,\ -2)$를 지나므로
$-2=4t-t^2+3$
$t^2-4t-5=0$
$(t+1)(t-5)=0$
$\therefore t=-1$ 또는 $t=5$
따라서 두 접점 B, C의 좌표는 각각
$(5,\ 28)$, $(-1,\ 4)$이므로 삼각형 ABC의 넓이는 ······ ㉯
$6\times30-\left(\dfrac{1}{2}\times3\times6+\dfrac{1}{2}\times3\times30+\dfrac{1}{2}\times6\times24\right)=54$
······ ㉰

채점 기준	배점
㉮ 접선의 방정식 구하기	2점
㉯ 두 점 B, C 구하기	2점
㉰ 답 구하기	2점

22 $\displaystyle\lim_{x\to\infty}\dfrac{f(x)-x^3}{x^2}=-9$이므로 $f(x)-x^3$은 이차항의 계수가
-9인 이차함수이다.
$f(x)-x^3=-9x^2+ax+b$ (a, b는 상수)로 놓으면
$f(x)=x^3-9x^2+ax+b$ ······ ㉠ ······ ㉮
$\displaystyle\lim_{x\to1}\dfrac{f(x)}{x-1}=-7$에서 $x\to1$일 때, (분모)$\to0$이고 극한값이
존재하므로 (분자)$\to0$이어야 한다.
즉, $\displaystyle\lim_{x\to1}(x^3-9x^2+ax+b)=0$에서
$1-9+a+b=0$
$\therefore b=8-a$ ······ ㉡
㉡을 ㉠에 대입하면
$f(x)=x^3-9x^2+ax+8-a$
$\qquad=(x-1)(x^2-8x+a-8)$
$\displaystyle\lim_{x\to1}\dfrac{f(x)}{x-1}=\lim_{x\to1}\dfrac{(x-1)(x^2-8x+a-8)}{x-1}$
$\qquad=\lim_{x\to1}(x^2-8x+a-8)$
$\qquad=1-8+a-8=-7$
$\therefore a=8$

$a=8$을 ㉡에 대입하면 $b=0$ ······ ㉯
따라서 $f(x)=x^3-9x^2+8x$이므로
$\displaystyle\lim_{x\to\infty}xf\left(\dfrac{1}{x}\right)=\lim_{x\to\infty}x\left(\dfrac{1}{x^3}-\dfrac{9}{x^2}+\dfrac{8}{x}\right)$
$\qquad=\lim_{x\to\infty}\left(\dfrac{1}{x^2}-\dfrac{9}{x}+8\right)$
$\qquad=8$ ······ ㉰

채점 기준	배점
㉮ $f(x)$ 구하기	3점
㉯ $a=8$, $b=0$ 구하기	3점
㉰ 답 구하기	2점

23 $\displaystyle\lim_{x\to1}\dfrac{f(x)-6}{x^2-1}=2$에서 $x\to1$일 때, (분모)$\to0$이므로
(분자)$\to0$이어야 한다.
즉, $\displaystyle\lim_{x\to1}\{f(x)-6\}=0$이므로 $f(1)-6=0$
$\therefore f(1)=6$ ······ ㉮
$f(x)$를 $x-1$로 나누었을 때의 나머지는
$r=f(1)=6$이므로
$f(x)=(x-1)g(x)+6$ ······ ㉯
$\therefore \displaystyle\lim_{x\to1}\dfrac{f(x)-6}{x^2-1}=\lim_{x\to1}\dfrac{(x-1)g(x)}{(x-1)(x+1)}$
$\qquad=\lim_{x\to1}\dfrac{g(x)}{x+1}$
$\qquad=\dfrac{g(1)}{2}=2$
즉, $g(1)=4$이므로 ······ ㉰
$\displaystyle\lim_{x\to1}\dfrac{\{f(x)-6\}g(x)}{\sqrt{x}-1}=\lim_{x\to1}\dfrac{\{(x-1)g(x)\}g(x)}{\sqrt{x}-1}$
$\qquad=\lim_{x\to1}\dfrac{(x-1)\{g(x)\}^2(\sqrt{x}+1)}{x-1}$
$\qquad=\lim_{x\to1}\{g(x)\}^2(\sqrt{x}+1)$
$\qquad=\{g(1)\}^2(\sqrt{1}+1)$
$\qquad=16\times2=32$ ······ ㉱

채점 기준	배점
㉮ $f(1)=6$ 구하기	2점
㉯ $f(x)=(x-1)g(x)+6$으로 놓기	2점
㉰ $g(1)=4$ 구하기	2점
㉱ 답 구하기	2점

01 함수 $f(x)=x^2-6x$는 닫힌구간 $[2, 4]$에서 연속이고 열린구간 $(2, 4)$에서 미분가능하며 $f(2)=f(4)=-8$이므로 롤의 정리에 의하여 $f'(c)=0$인 c가 열린구간 $(2, 4)$에 적어도 하나 존재한다.

$f'(x)=2x-6$이므로 $f'(c)=2c-6=0$

$\therefore c=3$

> **핵심 포인트**
>
> **롤의 정리**
> 함수 $y=f(x)$가
> 닫힌구간 $[a, b]$에서 연속
> 이고 열린구간 (a, b)에
> 서 미분가능할 때,
> $f(a)=f(b)$이면
> 　　$f'(c)=0$
> 인 c가 a와 b 사이에 적어도 하나 존재한다.

02 함수 $f(x)=x^3+x$는 닫힌구간 $[1, 4]$에서 연속이고 열린구간 $(1, 4)$에서 미분가능하므로 평균값 정리에 의하여

$$\frac{f(4)-f(1)}{4-1}=\frac{68-2}{3}=22=f'(c) \ (1<c<4)$$

인 c가 적어도 하나 존재한다.

$f'(x)=3x^2+1$이므로

$f'(c)=3c^2+1=22$

$c^2=7$ 　 $\therefore c=\sqrt{7}$ $(\because 1<c<4)$

> **핵심 포인트**
>
> **평균값 정리**
> 함수 $y=f(x)$가
> (i) 닫힌구간 $[a, b]$에서 연속이고
> (ii) 열린구간 (a, b)에서 미분가
> 능할 때,
> $$\frac{f(b)-f(a)}{b-a}=f'(c)$$
> 가 되는 c가 a와 b 사이에 적어도 하나 존재한다.

03 함수 $f(x)=x^2-3x-1$은 닫힌구간 $[1, k]$에서 평균값 정리를 만족시키는 실수 3이 존재하므로

$$\frac{f(k)-f(1)}{k-1}=\frac{k^2-3k-1-(-3)}{k-1}=\frac{(k-1)(k-2)}{k-1}$$
$$=k-2 \ (\because k>3)$$
$$=f'(3)$$

$f'(x)=2x-3$이므로 $f'(3)=3$

즉, $k-2=3$이므로 $k=5$

04 함수 $f(x)=x^2+ax+2$는 닫힌구간 $[0, 3]$에서 롤의 정리를 만족시키는 실수 $\dfrac{3}{2}$이 존재하므로

$f'(x)=2x+a$에서 $f'\left(\dfrac{3}{2}\right)=3+a=0$

$\therefore a=-3$

$f(x)=x^2-3x+2$이므로 닫힌구간 $[2, 4]$에서 평균값 정리에 의하여

$$\frac{f(4)-f(2)}{4-2}=\frac{6-0}{2}=3=f'(b)$$

인 b가 2와 4 사이에 적어도 하나 존재한다.

$f'(x)=2x-3$이므로

$f'(b)=2b-3=3$

$\therefore b=3$

$\therefore a+b=(-3)+3=0$

05 함수 $y=f(x)$가 실수 전체의 집합에서 미분가능하므로 연속이다. 즉, $y=g(x)$는 닫힌구간 $[1, 4]$에서 연속이고, 열린구간 $(1, 4)$에서 미분가능한 함수이다.

$g(1)=2f(1)=4$, $g(4)=17f(4)=34$이므로 평균값 정리에 의하여

$$g'(c)=\frac{g(4)-g(1)}{4-1}=\frac{34-4}{3}=10$$

06 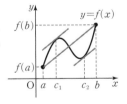 함수 $f(x)$가 닫힌구간 $[x-1, x+1]$에서 연속이고 열린구간 $(x-1, x+1)$에서 미분가능하므로 평균값 정리에 의하여

$$\frac{f(x+1)-f(x-1)}{(x+1)-(x-1)}=f'(c)$$

인 c가 구간 $(x-1, x+1)$에 적어도 하나 존재한다.

즉, $f(x+1)-f(x-1)=2f'(c)$이고,

$x-1<c<x+1$에서 $x\to\infty$일 때, $c\to\infty$이므로

$$\lim_{x\to\infty}\{f(x+1)-f(x-1)\}=\lim_{x\to\infty}2f'(c)$$
$$=\lim_{x\to\infty}2f'(x)=24$$

07 (1) 함수 $f(x)=-x^2+3x+1$은 닫힌구간 $[0, 3]$에서 연속이고 열린구간 $(0, 3)$에서 미분가능하며 $f(0)=f(3)=1$이므로 롤의 정리에 의하여 $f'(c)=0$인 c가 열린구간 $(0, 3)$에 적어도 하나 존재한다.

$f'(x)=-2x+3$이므로

$f'(c)=-2c+3=0$ 　　　　　……㉮

$\therefore c=\dfrac{3}{2}$ 　　　　　　　　　……㉯

채점 기준	배점
㉮ $f'(c)=0$ 구하기	2점
㉯ 답 구하기	1점

(2) 함수 $f(x)=-x^2+3x+1$은 닫힌구간 $[1, 5]$에서 연속이고 열린구간 $(1, 5)$에서 미분가능하므로 평균값 정리에 의하여

$$\frac{f(5)-f(1)}{5-1}=\frac{-9-3}{4}=-3=f'(c) \ (1<c<5)$$

인 c가 적어도 하나 존재한다.

$f'(x)=-2x+3$이므로

$$f'(c) = -2c + 3 = -3 \qquad \cdots\cdots ㉮$$
$$\therefore c = 3 \qquad \cdots\cdots ㉯$$

채점 기준	배점
㉮ $f'(c) = -3$ 구하기	2점
㉯ 답 구하기	1점

08 함수 $f(x) = x^3 - 5x^2 + 7x - 3$은 닫힌구간 $[0, 3]$에서 연속이고
열린구간 $(0, 3)$에서 미분가능하고 $f(3) - f(0) = 3f'(c)$
에서 $\dfrac{f(3) - f(0)}{3} = f'(c)$이므로 평균값 정리에 의하여

$$\dfrac{f(3) - f(0)}{3 - 0} = \dfrac{0 - (-3)}{3 - 0} = 1 = f'(c) \qquad \cdots\cdots ㉮$$

인 c가 열린구간 $(0, 3)$에 적어도 하나 존재한다.
$f'(x) = 3x^2 - 10x + 7$이므로
$f'(c) = 3c^2 - 10c + 7 = 1$에서
$3c^2 - 10c + 6 = 0$

$$\therefore c = \dfrac{5 \pm \sqrt{7}}{3} \qquad \cdots\cdots ㉯$$

$0 < \dfrac{5 - \sqrt{7}}{3} < 3$이고 $0 < \dfrac{5 + \sqrt{7}}{3} < 3$이므로
모든 실수 c의 값의 곱은

$$\left(\dfrac{5 + \sqrt{7}}{3}\right) \times \left(\dfrac{5 - \sqrt{7}}{3}\right) = 2 \qquad \cdots\cdots ㉰$$

채점 기준	배점
㉮ $\dfrac{f(3) - f(0)}{3 - 0} = 1 = f'(c)$ 구하기	3점
㉯ c 구하기	3점
㉰ 답 구하기	2점

[부록 2회] 함수의 증가와 감소

01 ⑤	02 ④	03 ②	04 ③	05 ①
06 ⑤	07 9	08 −2		

01 도함수 $y = f'(x)$의 그래프에서 주어진 구간에 따라 $f'(x)$의 부호를 조사하면 다음과 같다.
① 구간 $(-\infty, -4)$에서 $f'(x) > 0$이므로
　$y = f(x)$는 이 구간에서 증가한다.
② 구간 $(2, 4)$에서 $f'(x) < 0$이므로
　$y = f(x)$는 이 구간에서 감소한다.
③ 구간 $(-4, -1)$에서 $f'(x) < 0$이므로
　$y = f(x)$는 이 구간에서 감소한다.
④ 구간 $(4, \infty)$에서 $f'(x) > 0$이므로
　$y = f(x)$는 이 구간에서 증가한다.
⑤ 구간 $(-1, 2)$에서 $f'(x) > 0$이므로
　$y = f(x)$는 이 구간에서 증가한다.
따라서 옳은 것은 ⑤이다.

02 $f(x) = x^3 - 6x^2 - 15x - 1$에서
$$f'(x) = 3x^2 - 12x - 15$$
$$= 3(x^2 - 4x - 5)$$
$$= 3(x + 1)(x - 5)$$
함수 $f(x)$가 감소하는 구간은 $f'(x) \leq 0$에서
$(x + 1)(x - 5) \leq 0$
$$\therefore -1 \leq x \leq 5$$
따라서 감소하는 구간에 속하는 정수 x는 $-1, 0, 1, 2, 3, 4, 5$이므로 그 합은
$$(-1) + 0 + 1 + 2 + 3 + 4 + 5 = 14$$

> **핵심 포인트**
>
> $f'(x) \geq 0$, $f'(x) \leq 0$인 경우의 증가와 감소
> 함수 $y = f(x)$가 어떤 구간에서 미분가능하고 그 구간의 유한개의 점에서만 $f'(x) = 0$이면
> (1) $f'(x) \geq 0$일 때, 그 구간에서 $y = f(x)$는 증가한다.
> (2) $f'(x) \leq 0$일 때, 그 구간에서 $y = f(x)$는 감소한다.

03 $f(x) = -2x^3 + 3ax^2 - 6bx$에서
$$f'(x) = -6x^2 + 6ax - 6b$$
함수 $y = f(x)$가 증가하는 구간이 $[-1, 4]$이므로
$f'(x) \geq 0$, 즉 $x^2 - ax + b \leq 0$의 해는 $-1 \leq x \leq 4$이다.
따라서 이차방정식 $x^2 - ax + b = 0$의 두 근이 $-1, 4$이므로 근과 계수의 관계에 의하여
$a = -1 + 4 = 3$, $b = (-1) \times 4 = -4$
$$\therefore a + b = -1$$

04 임의의 두 실수 x_1, x_2에 대하여 $x_1 < x_2$일 때, $f(x_1) > f(x_2)$이면 $y = f(x)$는 구간 $(-\infty, \infty)$에서 감소하므로 모든 실수 x에 대하여 $f'(x) \leq 0$이어야 한다.
$f(x) = -2x^3 + ax^2 - 6x - 1$에서
$$f'(x) = -6x^2 + 2ax - 6$$
이차방정식 $f'(x) = 0$의 판별식을 D라 하면
$$\dfrac{D}{4} = a^2 - 36 \leq 0, \ (a + 6)(a - 6) \leq 0$$
$$\therefore -6 \leq a \leq 6$$
따라서 상수 a의 최댓값은 6이다.

> **핵심 포인트**
>
> 삼차함수가 항상 증가(감소)할 조건
> 삼차함수 $f(x) = ax^3 + bx^2 + cx + d$가 모든 실수에서
> (1) 증가할 조건 ➡ $a > 0$, $f'(x) = 0$의 판별식 $D \leq 0$
> (2) 감소할 조건 ➡ $a < 0$, $f'(x) = 0$의 판별식 $D \leq 0$

05 임의의 두 실수 x_1, x_2에 대하여 $x_1 \neq x_2$이면 $f(x_1) \neq f(x_2)$를 만족시키는 함수는 일대일함수이고, 함수 $y = f(x)$의 최고차항의 계수가 양수이므로 함수 $y = f(x)$는 실수 전체의 집합에서 증가한다.
즉, 모든 실수 x에 대하여 $f'(x) \geq 0$이어야 하므로
$f(x) = 2x^3 - x^2 + kx + 3$에서 $f'(x) = 6x^2 - 2x + k \geq 0$
이차방정식 $f'(x) = 0$의 판별식을 D라 하면

$\dfrac{D}{4}=1-6k\leq0$ $\quad\therefore k\geq\dfrac{1}{6}$

따라서 상수 k의 최솟값은 $\dfrac{1}{6}$이다.

06 $f(x)=x^3-(a+2)x^2+ax$에서

$f'(x)=3x^2-2(a+2)x+a$

점 $(t,\ f(t))$에서의 접선의 방정식은

$y-\{t^3-(a+2)t^2+at\}=\{3t^2-2(a+2)t+a\}(x-t)$

$\therefore y=\{3t^2-2(a+2)t+a\}x-2t^3+(a+2)t^2$

$\therefore g(t)=-2t^3+(a+2)t^2$

$g'(t)=-6t^2+2(a+2)t$이므로

함수 $y=g(t)$가 $0\leq t\leq6$에서 증가하려면 이 구간에서 $g'(t)\geq0$이어야 한다.

(i) $g'(0)=0$

(ii) $g'(6)=-216+12(a+2)\geq0$에서

$\quad a\geq16$

(i), (ii)에서 $a\geq16$

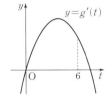

07 $f(x)=x^3+ax^2+bx+1$에서 $f'(x)=3x^2+2ax+b$

함수 $f(x)$가 $x<-1$ 또는 $x>2$에서 증가하고, $-1<x<2$에서 감소하므로 이차방정식 $f'(x)=0$의 두 근이 -1, 2이다.

따라서 이차방정식의 근과 계수의 관계에 의하여

$-1+2=-\dfrac{2a}{3}$, $(-1)\times2=\dfrac{b}{3}$

$\therefore a=-\dfrac{3}{2}$, $b=-6$ ······㉮

$\therefore ab=9$ ······㉯

채점 기준	배점
㉮ $a=-\dfrac{3}{2}$, $b=-6$ 구하기	3점
㉯ 답 구하기	3점

08 $f(x)=x^3+3x^2+24|x-2a|+3$

$\qquad=\begin{cases}x^3+3x^2+24x-48a+3 & (x\geq2a)\\ x^3+3x^2-24x+48a+3 & (x<2a)\end{cases}$

(i) $x\geq2a$일 때,

$\quad f'(x)=3x^2+6x+24=3(x+1)^2+21>0$이므로

$\quad$함수 $y=f(x)$는 증가한다. ······㉮

(ii) $x<2a$일 때,

$\quad f'(x)=3x^2+6x-24=3(x^2+2x-8)$

$\qquad\qquad=3(x+4)(x-2)$

$\quad$함수 $y=f(x)$가 증가하려면 $f'(x)\geq0$이어야 하므로

$\quad(x+4)(x-2)\geq0$에서 $x\leq-4$ 또는 $x\geq2$

$\quad$따라서 $2a\leq-4$이어야 하므로 $a\leq-2$ ······㉯

(i), (ii)에서 $a\leq-2$

따라서 실수 a의 최댓값은 -2이다. ······㉰

채점 기준	배점
㉮ $x\geq2a$일 때 $f'(x)>0$임을 보이기	3점
㉯ $x<2a$일 때 $a\leq-2$ 구하기	3점
㉰ 답 구하기	2점

[부록 3회] 함수의 극대와 극소

01 ④	02 ①	03 ⑤	04 ③	05 ②
06 ②	07 7	08 3		

01 $f(x)=x^3-3x+2$에서

$f'(x)=3x^2-3=3(x+1)(x-1)$

$f'(x)=0$에서 $x=-1$ 또는 $x=1$

x	$\cdots$	-1	$\cdots$	1	$\cdots$
$f'(x)$	$+$	0	$-$	0	$+$
$f(x)$	↗	극대	↘	극소	↗

함수 $f(x)$는 $x=-1$일 때 극대이고 극댓값은 $f(-1)=4$, $x=1$일 때 극소이고 극솟값은 $f(1)=0$이므로

$M=4$, $m=0$

$\therefore M+m=4$

02 $f(x)=x^3-3kx^2-9k^2x+2$에서

$f'(x)=3x^2-6kx-9k^2=3(x+k)(x-3k)$

$f'(x)=0$에서 $x=-k$ 또는 $x=3k$

x	$\cdots$	$-k$	$\cdots$	$3k$	$\cdots$
$f'(x)$	$+$	0	$-$	0	$+$
$f(x)$	↗	$5k^3+2$	↘	$-27k^3+2$	↗

$k>0$이므로 함수 $f(x)$는 $x=-k$일 때 극댓값을 갖고, $x=3k$일 때 극솟값을 갖는다.

이때, 함수 $f(x)$의 극댓값과 극솟값의 차가 32이므로

$f(-k)-f(3k)=5k^3+2-(-27k^3+2)=32$

$32k^3=32$ $\quad\therefore k=1$

03 $f(x)=x^3+ax^2+ax+3$에서 $f'(x)=3x^2+2ax+a$

이때, 함수 $f(x)$가 극댓값과 극솟값을 가지려면 방정식 $f'(x)=0$이 서로 다른 두 실근을 가져야 한다.

즉, $f'(x)=0$의 판별식을 D라 하면

$\dfrac{D}{4}=a^2-3a>0$, $a(a-3)>0$

$\therefore a<0$ 또는 $a>3$

04 $f(x)=-x^3+ax^2-2ax+1$에서

$f'(x)=-3x^2+2ax-2a$

이때, 함수 $f(x)$가 극값을 갖지 않기 위해서는 방정식 $f'(x)=0$이 중근 또는 허근을 가져야 한다.

즉, $f'(x)=0$의 판별식을 D라 하면

$\dfrac{D}{4}=a^2-6a\leq0$, $a(a-6)\leq0$

$\therefore 0\leq a\leq6$

핵심 포인트

삼차함수 $y=f(x)$에서 $f'(x)=0$의 판별식을 D라 하면

(1) $D>0$ $\iff$ $y=f(x)$는 극값을 갖는다.

(2) $D\leq0$ $\iff$ $y=f(x)$는 극값을 갖지 않는다.

05 $f(x)=x^4-4x^3$으로 놓으면
$f'(x)=4x^3-12x^2=4x^2(x-3)$
$f'(x)=0$에서 $x=0$ 또는 $x=3$

x	$\cdots$	0	$\cdots$	3	$\cdots$
$f'(x)$	$-$	0	$-$	0	$+$
$f(x)$	$\searrow$	0	$\searrow$	-27	$\nearrow$

즉, 함수 $y=f(x)$의 그래프는 [그림1]과 같고, $y=|f(x)|$의 그래프는 $y=f(x)$의 그래프의 x축 아래쪽을 위쪽으로 접어 올린 것이므로 [그림2]와 같다.

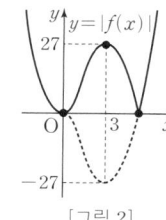

[그림 1]　　　　　[그림 2]

따라서 $y=|x^4-4x^3|$의 극대가 되는 점의 개수는 1, 극소가 되는 점의 개수는 2이므로
$m-n=1-2=-1$

06 주어진 도함수 $y=f'(x)$의 그래프를 이용하여 함수 $y=f(x)$의 증가, 감소를 표로 나타내면 다음과 같다.

x	$\cdots$	a	$\cdots$	b	$\cdots$	c	$\cdots$
$f'(x)$	$-$	0	$-$		$-$	0	$+$
$f(x)$	$\searrow$		$\searrow$		$\searrow$	극소	$\nearrow$

ㄱ. $x=a$의 좌우에서 $f'(x)$의 부호가 바뀌지 않으므로 극대가 아니다. (거짓)
ㄴ. $x=b$의 좌우에서 $f'(x)$의 부호가 바뀌지 않으므로 극대가 아니다. (거짓)
ㄷ. $x=c$의 좌우에서 $f'(x)$의 부호가 음에서 양으로 바뀌므로 $x=c$에서 극소이다. (참)
따라서 옳은 것은 ㄷ뿐이다.

> **핵심포인트**
>
> 함수 $y=f(x)$에 대하여 $f'(a)=0$이 되는 $x=a$의 좌우에서 $f'(x)$의 부호가
> (1) 양 ➡ 음 으로 바뀌면 $y=f(x)$는 $x=a$에서 극대이다.
> (2) 음 ➡ 양 으로 바뀌면 $y=f(x)$는 $x=a$에서 극소이다.

07 $f(x)=-x^3+ax^2+bx+3$에서 $f'(x)=-3x^2+2ax+b$
함수 $y=f(x)$가 $x=0$, $x=2$에서 극값을 가지므로
$f'(0)=b=0$ ┄┄┄ ㉮
$f'(2)=-12+4a=0$ ∴ $a=3$ ┄┄┄ ㉯
따라서 $f(x)=-x^3+3x^2+3$이므로
$f(2)=-8+12+3=7$ ┄┄┄ ㉰

채점 기준	배점
㉮ $b=0$ 구하기	2점
㉯ $a=3$ 구하기	2점
㉰ 답 구하기	2점

08 $f(x)=ax^3+bx^2+cx+d$ (a, b, c, d는 상수)로 놓으면
$f'(x)=3ax^2+2bx+c$
(i) $\lim\limits_{x\to0}\dfrac{f(x)-5}{x}=12$에서 $f(0)=5$이므로
$\lim\limits_{x\to0}\dfrac{f(x)-5}{x}=\lim\limits_{x\to0}\dfrac{f(x)-f(0)}{x-0}$
$=f'(0)=12$
∴ $f(0)=5$, $f'(0)=12$ ┄┄┄ ㉠ ┄┄┄ ㉮
(ii) $\lim\limits_{x\to-2}\dfrac{f(x)-9}{x+2}=-24$에서 $f(-2)=9$이므로
$\lim\limits_{x\to-2}\dfrac{f(x)-9}{x+2}=\lim\limits_{x\to-2}\dfrac{f(x)-f(-2)}{x-(-2)}$
$=f'(-2)=-24$
∴ $f(-2)=9$, $f'(-2)=-24$ ┄┄┄ ㉡ ┄┄┄ ㉯
㉠에서
$f(0)=d=5$, $f'(0)=c=12$이므로
$f(x)=ax^3+bx^2+12x+5$
$f'(x)=3ax^2+2bx+12$
㉡에서
$f(-2)=-8a+4b-24+5=9$
∴ $2a-b=-7$ ┄┄┄ ㉢
$f'(-2)=12a-4b+12=-24$
∴ $3a-b=-9$ ┄┄┄ ㉣
㉢, ㉣을 연립하여 풀면 $a=-2$, $b=3$
즉, $f(x)=-2x^3+3x^2+12x+5$이므로 ┄┄┄ ㉰
$f'(x)=-6x^2+6x+12$
$=-6(x+1)(x-2)$
$f'(x)=0$에서 $x=-1$ 또는 $x=2$

x	$\cdots$	-1	$\cdots$	2	$\cdots$
$f'(x)$	$-$	0	$+$	0	$-$
$f(x)$	$\searrow$	극소	$\nearrow$	극대	$\searrow$

따라서 $f(x)$는 $x=2$에서 극대, $x=-1$에서 극소이므로
$\alpha=2$, $\beta=-1$
∴ $\alpha-\beta=3$ ┄┄┄ ㉱

채점 기준	배점
㉮ $f(0)=5$, $f'(0)=12$ 구하기	2점
㉯ $f(-2)=9$, $f'(-2)=-24$ 구하기	2점
㉰ $f(x)$ 구하기	2점
㉱ 답 구하기	2점

[부록 4회] 함수의 극대와 극소

01 ①	02 ④	03 ⑤	04 ②	05 ⑤
06 ③	07 $-\dfrac{93}{2}$	08 18		

핵심 포인트

사차함수가 극값을 가질 조건
(1) 사차함수 $y=f(x)$가 극댓값, 극솟값을 모두 갖는다.
  ➡ 삼차방정식 $f'(x)=0$이 서로 다른 세 실근을 갖는다.
(2) 사차함수 $y=f(x)$가 극댓값을 갖지 않는다.(극솟값을 갖지 않는다.) ➡ 삼차방정식 $f'(x)=0$이 한 실근과 두 허근 또는 한 실근과 중근 (또는 삼중근)을 갖는다.

01 $f(x)=x^3+ax^2+9x+b$에서
$f'(x)=3x^2+2ax+9$
이때, 함수 $f(x)$가 $x=1$에서 극댓값 0을 가지므로
$f(1)=0$에서 $1+a+9+b=0$
$\therefore a+b=-10$ ······ ㉠
$f'(1)=0$에서 $3+2a+9=0$
$\therefore a=-6$
$a=-6$을 ㉠에 대입하면 $b=-4$
즉, $f(x)=x^3-6x^2+9x-4$에서
$f'(x)=3x^2-12x+9$
$\qquad\ =3(x^2-4x+3)$
$\qquad\ =3(x-1)(x-3)$
$f'(x)=0$에서 $x=1$ 또는 $x=3$

x	$\cdots$	1	$\cdots$	3	$\cdots$
$f'(x)$	+	0	−	0	+
$f(x)$	↗	극대	↘	극소	↗

함수 $f(x)$는 $x=3$에서 극소이고 극솟값은
$f(3)=27-54+27-4=-4$

02 $f(x)=x^3+(a+1)x^2-2x$에서
$f'(x)=3x^2+2(a+1)x-2$
함수 $y=f(x)$의 그래프에서 극대가 되는 점과 극소가 되는 점의 x좌표를 각각 α, β라 하면 α, β가 원점에 대하여 대칭이므로
$\alpha+\beta=0$
또 α, β는 이차방정식 $3x^2+2(a+1)x-2=0$의 두 근이므로 근과 계수의 관계에 의하여
$\alpha+\beta=-\dfrac{2(a+1)}{3}=0$
$\therefore a=-1$

03 $f(x)=3x^4-8x^3+6ax^2+7$에서
$f'(x)=12x^3-24x^2+12ax=12x(x^2-2x+a)$
함수 $f(x)$가 극댓값과 극솟값을 모두 가지려면 방정식 $f'(x)=0$이 서로 다른 세 실근을 가져야 하므로 이차방정식 $x^2-2x+a=0$은 0이 아닌 서로 다른 두 실근을 가져야 한다.
(i) $g(x)=x^2-2x+a$로 놓으면 $g(x)=0$은 0을 제외한 근을 가져야 하므로
  $g(0)\neq0$에서 $a\neq0$
(ii) 방정식 $x^2-2x+a=0$의 판별식을 D라 하면
  $\dfrac{D}{4}=1-a>0$ $\qquad\therefore a<1$
(i), (ii)에서 $a<0$ 또는 $0<a<1$

04 $f(x)=3x^4-ax^3+6x^2+2$에서
$f'(x)=12x^3-3ax^2+12x$
$\qquad\ =3x(4x^2-ax+4)$
사차함수 $y=f(x)$는 최고차항의 계수가 양수이므로 극값을 하나만 가지려면 함수 $y=f(x)$는 극댓값을 갖지 않아야 한다.
즉, 방정식 $f'(x)=0$이 한 실근과 두 허근 또는 한 실근과 중근 (또는 삼중근)을 가져야 하므로 이차방정식
$4x^2-ax+4=0$ ······ ㉠
이 중근 또는 허근을 갖거나 $x=0$을 근으로 가져야 한다.
(i) ㉠이 중근 또는 허근을 가질 때
  ㉠의 판별식을 D라 하면
  $D=a^2-64\leq0$
  $(a+8)(a-8)\leq0$
  $\therefore -8\leq a\leq8$
(ii) ㉠이 $x=0$을 근으로 가질 때
  $4\neq0$이므로 만족하는 x의 값은 없다.
(i), (ii)에서 실수 a의 값의 범위는 $-8\leq a\leq8$
따라서 실수 a의 최댓값은 8, 최솟값은 -8이므로 그 합은
$8+(-8)=0$

05 함수 $y=f'(x)$의 그래프에서 $f'(x)=0$이 되는 x의 값은 0, 2이므로 함수 $f(x)$의 증가, 감소를 조사하면 다음과 같다.

x	$\cdots$	0	$\cdots$	2	$\cdots$
$f'(x)$	+	0	−	0	+
$f(x)$	↗	극대	↘	극소	↗

$f(x)=x^3+ax^2+bx+c$에서
$f'(x)=3x^2+2ax+b$
이때, $f'(0)=0$, $f'(2)=0$이므로
$f'(0)=b=0$ ······ ㉠
$f'(2)=12+4a+b=0$ ······ ㉡
㉠, ㉡을 연립하여 풀면
$a=-3$, $b=0$
또 함수 $f(x)$는 $x=2$에서 극솟값 1을 가지므로
$f(2)=8+4a+2b+c=1$
$-4+c=1$ $\qquad\therefore c=5$
$\therefore f(x)=x^3-3x^2+5$
따라서 구하는 극댓값은
$f(0)=5$

06 $f(x)=\dfrac{1}{3}x^3+kx^2+3kx+4$에서

$f'(x)=x^2+2kx+3k$

함수 $y=f(x)$가 $-1<x<1$에서 극댓값과 극솟값을 모두 갖기 위해서는 이차방정식 $f'(x)=0$의 서로 다른 두 실근이 모두 $-1<x<1$에 있어야 한다. 즉, 이차함수 $y=f'(x)$의 그래프가 그림과 같아야 한다.

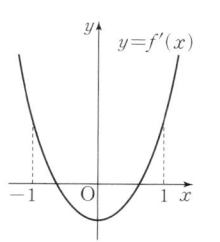

(i) 이차방정식 $x^2+2kx+3k=0$의 판별식을 D라 하면

$$\frac{D}{4}=k^2-3k>0, \ k(k-3)>0$$

$$\therefore k<0 \ 또는 \ k>3$$

(ii) $f'(1)=1+5k>0$에서 $k>-\frac{1}{5}$

(iii) $f'(-1)=1+k>0$에서 $k>-1$

(iv) 이차함수 $y=f'(x)$의 그래프의 축이 $-1<x<1$에 있어야 하므로

$$-1<-k<1에서 \ -1<k<1$$

(i)$\sim$(iv)에서 실수 k의 값의 범위는

$$-\frac{1}{5}<k<0$$

핵심 포인트

$f'(x)=ax^2+bx+c \ (a>0)$에 대하여 $f'(x)=0$의 판별식을 D라 하면

$f'(x)=0$의 두 실근 $\alpha, \beta \ (\alpha<\beta)$가

(1) m과 $n \ (m<n)$ 사이에 있을 조건

$\Rightarrow D>0, f'(m)>0, f'(n)>0,$
$m<-\dfrac{b}{2a}<n$

(2) $\alpha<m<\beta<n$일 조건

$\Rightarrow f'(m)<0, f'(n)>0$

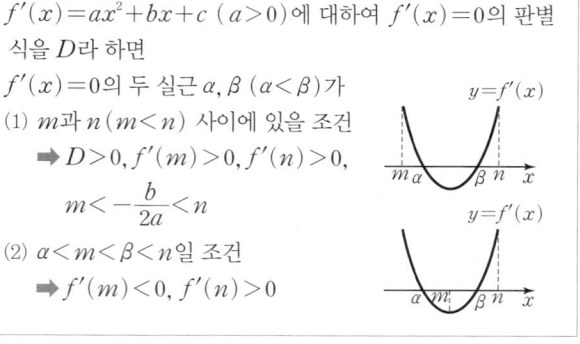

---

07 $f(x)=x^3+ax^2+bx+c$에서

$$f'(x)=3x^2+2ax+b$$

이때, 함수 $f(x)$가 $x=-2$, $x=3$에서 극값을 가지므로

$f'(-2)=0$에서 $12-4a+b=0$

$$\therefore 4a-b=12 \quad \cdots\cdots ㉠$$

$f'(3)=0$에서 $27+6a+b=0$

$$\therefore 6a+b=-27 \quad \cdots\cdots ㉡$$

㉠, ㉡을 연립하여 풀면

$$a=-\frac{3}{2}, \ b=-18 \quad \cdots\cdots ㉮$$

즉, $f(x)=x^3-\dfrac{3}{2}x^2-18x+c$에서

$$f'(x)=3x^2-3x-18$$
$$=3(x^2-x-6)$$
$$=3(x+2)(x-3)$$

$f'(x)=0$에서 $x=-2$ 또는 $x=3$

x	$\cdots$	-2	$\cdots$	3	$\cdots$
$f'(x)$	$+$	0	$-$	0	$+$
$f(x)$	↗	극대	↘	극소	↗

함수 $f(x)$는 $x=-2$에서 극댓값 16을 가지므로

$f(-2)=-8-6+36+c=16$

$$\therefore c=-6 \quad \cdots\cdots ㉯$$

따라서 극솟값은

$$f(3)=27-\frac{27}{2}-54-6=-\frac{93}{2} \quad \cdots\cdots ㉰$$

채점 기준	배점
㉮ $a=-\dfrac{3}{2}, \ b=-18$ 구하기	2점
㉯ $c=-6$ 구하기	2점
㉰ 답 구하기	2점

---

08 $f(x)=x^3+ax^2+bx+c$에서 $f'(x)=3x^2+2ax+b$

(가)에서

$$f(1)=1+a+b+c=9$$

$$\therefore a+b+c=8 \quad \cdots\cdots ㉠ \quad \cdots\cdots ㉮$$

(나)에서 방정식 $f'(x)=0$은 서로 다른 두 실근을 가지므로 판별식을 D라 하면

$$\frac{D}{4}=a^2-3b>0 \quad \therefore b<\frac{a^2}{3} \quad \cdots\cdots ㉡$$

한편, $3x^2+2ax+b=0$의 두 실근을 α, β라 하면 근과 계수의 관계에 의하여

$$\alpha+\beta=-\frac{2a}{3}, \ \alpha\beta=\frac{b}{3}$$

즉, 두 점 $(\alpha, f(\alpha))$, $(\beta, f(\beta))$를 이은 직선의 기울기는

$$\frac{f(\alpha)-f(\beta)}{\alpha-\beta}=\frac{\alpha^3-\beta^3+a(\alpha^2-\beta^2)+b(\alpha-\beta)}{\alpha-\beta}$$
$$=\alpha^2+\alpha\beta+\beta^2+a(\alpha+\beta)+b$$
$$=(\alpha+\beta)^2-\alpha\beta+a(\alpha+\beta)+b$$
$$=\left(-\frac{2a}{3}\right)^2-\frac{b}{3}+a\times\left(-\frac{2a}{3}\right)+b$$
$$=-\frac{2}{9}(a^2-3b)$$

이때, (다)에서 $-\dfrac{2}{9}(a^2-3b)>-1$이므로

$$a^2-3b<\frac{9}{2} \quad \therefore b>\frac{a^2}{3}-\frac{3}{2} \quad \cdots\cdots ㉢$$

㉡, ㉢에서 $\dfrac{a^2}{3}-\dfrac{3}{2}<b<\dfrac{a^2}{3} \quad \cdots\cdots ㉣ \quad \cdots\cdots ㉯$

이때, a, b, c는 자연수이므로 ㉠, ㉣을 만족시키는 a, b, c의 순서쌍 (a, b, c)는

$(2, 1, 5)$, $(3, 2, 3)$

따라서 $a=3, b=2, c=3$일 때 abc의 최댓값은 18이다.

$$\cdots\cdots ㉰$$

채점 기준	배점
㉮ $a+b+c=8$ 구하기	2점
㉯ $\dfrac{a^2}{3}-\dfrac{3}{2}<b<\dfrac{a^2}{3}$ 구하기	3점
㉰ 답 구하기	3점

■ 2학년 중간고사

01회

01 ③　02 ⑤　03 ②　04 ④　05 ③　06 ③　07 ①　08 ④　09 ②　10 ⑤　11 ②　12 ④　13 ③　14 ⑤
15 ①　16 ②　17 ①　18 ④　19 8　20 -1　21 -35　　22 연속이지만 미분가능하지 않다.　23 12

02회

01 ③　02 ①　03 ④　04 ②　05 ⑤　06 ③　07 ④　08 ⑤　09 ④　10 ②　11 ④　12 ②　13 ①　14 ③
15 ⑤　16 ②　17 ①　18 ③　19 18　20 -1　21 $3\sqrt{5}$　22 3　23 12

03회

01 ②　02 ③　03 ④　04 ④　05 ②　06 ②　07 ⑤　08 ①　09 ①　10 ④　11 ①　12 ③　13 ①　14 ⑤
15 ②　16 ③　17 ⑤　18 ④　19 16　20 (1) 연속 (2) 미분가능　21 -2　22 3　23 9

04회

01 ③　02 ②　03 ②　04 ⑤　05 ①　06 ②　07 ⑤　08 ④　09 ③　10 ④　11 ④　12 ③　13 ①　14 ⑤
15 ②　16 ①　17 ①　18 ⑤　19 2　20 $f'(x)=3-x$　21 연속이지만 미분가능하지 않다.　22 $\dfrac{3}{2}$　23 7

05회

01 ⑤　02 ③　03 ④　04 ①　05 ②　06 ①　07 ③　08 ①　09 ④　10 ④　11 ②　12 ⑤　13 ③　14 ②
15 ③　16 ④　17 ③　18 ⑤　19 4　20 2　21 $f'(x)=nx^{n-1}$　22 20　23 6π

06회

01 ①　02 ②　03 ⑤　04 ④　05 ④　06 ④　07 ⑤　08 ①　09 ②　10 ①　11 ③　12 ⑤　13 ③　14 ②
15 ③　16 ③　17 ④　18 ①　19 -3　20 26　21 $\dfrac{13}{3}$　22 $y=-4x+9$　23 12

07회

01 ①　02 ③　03 ③　04 ⑤　05 ②　06 ④　07 ③　08 ②　09 ②　10 ⑤　11 ④　12 ①　13 ③　14 ①
15 ④　16 ④　17 ①　18 ⑤　19 10　20 $\dfrac{1}{6}$　21 a　22 17　23 $\dfrac{1}{2}$